想成功，先讓腦袋就定位

曾國棟 原著・口述｜王正芬 整理・補充

目錄

前言

我擁有「心想事成」的能力

許多時候，只要我動心起念想做的事情，周遭總會有親朋好友適時地提供相關資訊或資源，讓我順利完成，朋友們也因此認為我是天生具有「心想事成」能力的人。朋友們認為：這類天生具有「心想事成」能力的人，往往能夠將自己的意念透過腦波傳遞出去，與他人交流產生耦合，讓想要做的事情如願完成。

我不太相信這種說法，實在是太玄妙了！我的看法是：所謂「心想事成」絕非是透過「耦合」，而是必須不設限地經由自己去做些事情、做些改變、做些嘗試……，唯有透過執行力，去起而行、去積極促成，並經過一連串碰撞之後，才有可能讓想法落實。換言之，「心想事成」真正的定義應該是：心想之後，必須真正去身體力行、去做了，才會在一連串碰撞之後，讓事情圓滿達成。

心想事成的五個小祕方

換言之，我的字典裡是沒有「心想事成」這回事的！如果一定要找出「心想事成」訣竅的話，我的小祕方是：

一、廣結善緣——積極參與各種活動

平時就應該多參與各項活動，比如說，客戶或廠商舉辦的研討會、展覽、餐會、球敘或是某些小型團體的聚會、讀書會等，透過不同的管道和觸角，認識更多不同領域、專長的朋友，廣結善緣，建立良好寬廣的人際網絡，一旦有任何需求時，都能找到專家請益，也能做更多生活或工作上的相互連結。

「心想事成」第一個關鍵重點：平時多積極參加活動，拓展人際網絡。

二、走出去——樂於分享、和人群互動

平日就應該培養願意和其他人分享、交流、請益的習慣。當你有任何需求時；或是工作、生活上遇到瓶頸、困擾，心生煩悶之際；抑或是正在進行中的方案、計畫，思緒一時被卡住，不得其解時，就要走出去，拜訪之前所建立起來的人際網絡，透過分享、請益，尋求突破或解決方案。

「心想事成」第二個關鍵重點：一定要走出去，透過各種機會、拜訪，積極和你的人脈網絡分享、請益。

三、Speak Out!——把需求大聲說出來

一定要把自己的問題說出來，因為只有當需求被說出來以後，才可能帶來更多解決問題的回應，或許這次談話的對象沒有適當的解決方法，可是他會繼續幫你把問題傳遞出去，如此一傳十、十傳百，能夠幫你解決問題的人總有一天會出現。相對地，如果不敢說出來，就是自我封閉，自己將自己設限在問題的框框之中，可能會讓問題困擾自己很久，也很可能會永遠找不到答案，所以我總會積極地「Speak Out!」，任

何機會都不會放過。

「心想事成」第三個關鍵重點：不斷訴求，碰到人要不厭其煩地強調，不畏懼地將需求講出去，不斷地講，不斷傳遞，解決方案可能某天就會從某個地方浮現。

四、自助——而後才會人助、天助

雖然有問題時，要積極地將問題「Speak Out!」，但是，別忘了「心想事成」最重要的原動力還是在「自己」。一旦確立目標，自己必須用心、積極地搜尋相關資訊，努力聯繫一切可接觸的管道，並挖掘任何可能連貫的線索，自己該做的基本工絕不能偷懶，只有自己將功夫做足了，「心想」才會開始發揮自助、人助，而後天助的鏈結綜效。

「心想事成」第四個關鍵重點：自己要率先積極地去做、去想、去挖掘一切可能的線索與相關鏈結，千萬別只動口，不動手。

五、雞婆（熱心）、樂於助人——自己的事就是眾人的事；眾人的事就是自己的事

俗諺：「一枝草一點露。」同樣地，想要「心想事成」，日常結善緣的心就不可少，所以平日就應該要具備適度的雞婆（熱心），主動關心、提供所需，一旦有機會接收到別人的問題時，也應該盡心盡力協助解決，若是自己沒有能耐，也樂於幫忙傳播出去，讓別人的問題或需求可以得到助力。

「心想事成」第五個關鍵重點：平時雞婆（熱心）一點，多幫助別人，有時候真的會產生無心插柳之效！

跳出框框，資源和機會才能通暢無礙

以上就是我總是能夠「心想事成」的背後祕密，也是我屢試不爽的訣竅；無論任何事情，我都不會因為面子、身段、怕別人學、不好意思等莫名的框框將自己套住，也因此，一直以來，只要我想要知道或想要做到的事情，無論是個人的困擾或是工作上的問題，我總會想盡各種管道找資源、積極對外傳遞出去，也因此，往往之後就會跑出我需要的資源。比如說：當你正在思考或規劃某個方案時，不妨將心中的藍圖或初步想法和其他人分享、請益，讓方案在成形前更趨完善，也可能因此獲得更多、更廣泛的資源。

案例一：從一杯果汁到第二核心事業

某天，朋友請我喝果汁並告訴我說：「這是一杯很不一樣的果汁。」我看了看實在不知道有何不同。

朋友說：「這是一杯經過高壓殺菌處理的果汁，運送過程不需要冷凍，只需要冷藏。」我突然靈機一動：如果食材都可以透過高壓殺菌處理的話，是否可以較長時間維持它的新鮮度，也不用擔心食安的問題……。於是，我非常有興趣地向他請教更多的細節，並和其他朋友分享這樣的概念。

數日後，「心想事成」的魔法開始發酵了。

有位朋友告訴我星巴克有引進一台這樣的設備，可以安排我去參觀；另外一位朋友則帶我去拜訪他在南部經營漁業養殖的親戚，還有一位朋友安排我拜會台灣檢驗科技公司（SGS）的高階主管，深度交換許多想法……。一開始，我根本沒預期到這些朋友會有這樣的人際網絡，也沒想到在分享、請益的過程中，他們幫我引薦了一些不容易見到的對象，也突破了某些想法，進而勾勒出大聯大集團第二核心事業「新聯大」未來發展的可行方案之一：建構以「健康商品」為訴求的通路平台。

在這平台之上，以提供有機、認證或經過特殊處理的健康商品為核心，結合許多與食品檢驗、加工及食譜、冷凍物流、高壓殺菌處理等，與產業鏈相關的聯盟合作夥伴，讓所有上、中、下游的廠商、客戶都可以透過這個通路平台，安心並順暢地買賣、交流。

這是意想之外的發展，始於一杯看似再平常不過的果汁所帶來的契機，透過一連串「走出去」、「Speak Out」的過程，透過長期「廣結善緣」人際網絡的互動、分享和散布，漸漸具足了相關條件，形成一個新興可行的商業模式。

公事如此，生活上的困擾和需求，我也一向如此。比如說，身體不舒服、腰痠、哪兒扭到或頭痛了很久，如果不敢說出來，就是自我封閉，可能永遠找不到答案；相對地，若能抱持著虛心的態度和開放的心，往往只要開口說一句：「唉！這個腳痛了很久都不會好。」可能就會有人跳出來告訴你：「哪邊有不錯的醫生，我以前的疼痛就是這樣被治好的。」

案例二：聲音突然中斷

記得前幾年，有時我講話講到一半，就會突然斷聲。我一連找了三位耳鼻喉科的專科醫生，希望尋求專業協助，經過各式精密檢查，聲帶都很正常，沒有發現問題。三位耳鼻喉科醫生的處方都是繼續追蹤，半年後再來檢查。

然而我的毛病並未獲得改善。事實上，為了這個毛病，我感到非常困擾，於是，每次遇到朋友，我都會把這個問題拿出來講，講著講著，某天真的「好運」發生了，有位朋友告訴我說：「沒問題！多唱唱歌就好了。」因為同樣的毛病也曾發生在他哥哥身上。

我聽從這位朋友的建議，每天回家就唱卡拉OK，開開嗓，後來唱了兩個禮拜，「奇蹟」悄然來臨，備受困擾的斷聲毛病真的不藥而癒了，原來是聲帶「沾黏」之故！從此，我便常常在左岸八里附近的淡水河畔騎著單車，看城市建物，看水鳥、山景、水景，看倒影，看晨霧、夕陽、夜景，聽潮聲……邊哼歌、邊騎車不僅變成我生活中最大的享受，也兼具運動等一舉多得的功效。

之前，我還以為是開太多會、講太多話導致如此，所以，為了避免惡化，反而刻意減少說話，結果剛好適得其反。所以說，碰到問題絕對不要因為面子問題、不好意思等框架就閉門造車，否則不但壓力會愈來愈大，還可能於事無補，「幸運」、「奇蹟」當然也不可能找上門。

這就是「心想事成」的背後祕密，很簡單吧！只要放開心裡的羈絆，事實上，每個人都具有「心想事成」的實踐能力。

案例三：董事長，我也能心想事成了！

有次，我準備交付給A主管新的代理產品線時，因為手下缺乏可以擔當的人，讓A主管非常苦惱，對新機會既期待又擔心，猶豫不決地說：「可是，在這當口，沒有人力，怎麼辦？」

「你應該把你的問題和期待說出來，跟總經理談、跟我談、跟大家談，我們就會盡力協助你，甚至撥人給你……重點是，你要認真去想解決方案，碰到任何人都可以積極去問：『可不可以介紹人給我……』，還可以請部門同仁將平日搜集的名片拿出來（當然自己也不例外），運用這些鏈結點，分頭協助尋問……將平日已建立初步鏈結的資料，透過行動力讓它有更大的發揮。試試看，這樣一定會成的！」

我一方面鼓勵他，另一方面分享自己的做法：「每當公司缺某類人才時，我總會在碰到的人之間積極散布需求，無論是吃飯、打球……，都會跟他們講：『你們可不可以介紹一下……我公司現在正需要XX的人，或是我想做什麼事，剛好缺怎樣的人……你那邊有沒有適當的人選可以推薦？』我會積極去Speak Out，任何機會都不會放過。這就是我心想事成的祕方！」

A主管真的身體力行，在那一年尾牙上，他喜孜孜地宣稱：「董事長，謝謝你。

我已經知道什麼是『心想事成』的真諦！」A主管已經知道，只要他透過手邊所有可能的資源和人脈，積極去連結並大聲問，就一定會有人選從某個管道浮現出來，但是，你不去想、不去做、不去傳遞，事情當然就不容易成！

現在是過去的零存整付

我常認為：如果大家都能夠不吝惜自己的經驗，把它貢獻出來，這樣一來，「個人」的問題就會變成「大家」的問題，群策群力總比單打獨鬥好，事實也證明，這種凡事不畫地自限的心態和做法，一直都能給我帶來「幸運」和「奇蹟」。

再者，有機會能夠幫助別人，千萬不要藏私；若是能夠在自己的能力範圍中，為他人多做些事，從另一個角度來看，也都是一種工作職場的延伸和投資，在可見的未來，這些也有可能會變成「好運」回到自己的身上。

記得有一年去加拿大拜訪A公司，從他們那邊得知，照明模組賣得很好，因為LED的應用市場需求旺盛，獲利頗高。之後，到香港分公司時，某位產品經理拿了一片香港某廠家的LED樣板給我參考，我看了看，技術似乎也不難嘛，當下便決定要進入照明模組這個新領域。

之後，某個機會下，我向一位朋友提及：「我要開始做照明模組了！」沒想到，該位朋友竟然立刻承諾要提供我們鏡頭的相關支援，我感到很驚訝，進一步了解後，才知道原來是兩年前我曾在不經意的情況下，在鏡頭領域上協助過他。

兩年前，這位朋友預計從事相機中的鏡頭模組，但是因為技術門檻比較高，所以我給他一個手電筒用的鏡頭樣本，建議他不妨由較低階的手電筒用鏡頭開始做起。沒想到，那位朋友竟然從那片手電筒的鏡頭樣本開始認真研究，現在已經有專屬的照明實驗室，從事相關的研究發展。這也是一種緣分，可以說是過去種下去的種子，在今日發芽採收了。

如果每個人都能夠不藏私地分享，那麼，今天播下去的種子，都有可能成為明天美麗的果實，不預期地出現在你的面前；但是，我如果沒有把想法說出來，這些也可能就變成與我毫不相關的另一條線索；就因為我說了，也分享了，一切的緣分又都連在一起，這才有機會看到那顆已發芽的種子！

換言之，「心想事成」最重要的原動力還是在「自己」。必須自己先積極將該做的基本功夫都做足，才會開始發揮自助、人助，而後天助的鏈結綜效。因為，每一個人都是一個活磁鐵，會因為每個人不同的想法、做法，吸引與自己契合的人、事、物，而這些思維與作為也將決定其未來的發展，正所謂：「現在的種種正是過去的零存整付」。

所以說，如果你想成為職場大贏家的話，如果你想擁有「心想事成」人生的話，現在你就必須知道：

- 應該建立哪些正確的思維，才能不讓自己受限。
- 如何提升自己的職場價值，更積極地以正向能量擁抱職場的人事物。
- 如何開啟自己舉一反三的水平思考潛力，讓自己成為職場的千里馬。

千萬別忘了，前途是自己的，不是老闆或主管的，未來也是自己的，不是老闆或主管的，所以，預測前途最好的方法，就是自己創造未來！

第一章

不對自己設限

從心理學的角度來看，所謂「自我設限」就是在自己的心裡面默認了一個「高度」，這個「心理高度」有時是不自覺的，有時是依循過去的經驗推斷現在與未來，有時是不求甚解地想當然耳，有時則是缺乏自信、太在意社會標準、習慣、怕失敗……。

不論它形成的原因是什麼，「心理高度」一旦形成自我設限，就會讓人們在工作職場上，陷入一次又一次的惡性循環當中而不自知，這也就是為何有些人總是與機會擦身而過，而有些人卻可以像比爾．蓋茲一般信心滿滿地說：「即使把我渾身的衣服剝光，一分錢也不剩地扔在沙漠中，但是，只要有一支商隊路過，我又會成為億萬富翁。」

兩者之間最大的差異，往往在於：自我設限者平時可能不太會注意自己的思考方式，以及對於事物的預見性，於是很容易接受所謂的標準答案，很容易因為多數人的想法如此，就認定這是唯一正確的答案，很容易妥協，也很容易因循舊法，於是習慣了給自己設個藩籬，拿個框框把自己套住了。

從另一個角度來看，人把自己給框住了，也就成了「囚」，必然會限縮自己在工作職場上的發展與成就，所以，想要在職場上有亮眼的表現，應該先相信自己有更好的可能性，然後從觀念、態度和專業上時時檢視、調整，勇於質疑、打破固有思維模式，勇於接受挑戰和多領域嘗試、學習，才能跳出框框，突破自我的限制，也突破別人加諸在你身上的限制。

以下就讓我們從觀念和態度上，一起來做一次工作職涯「心理高度」的檢視，看看自己的「心理高度」是自我設限的框框，還是釋放潛力的動力。

自我的定位與學習

幾年前，日本某家媒體對所有日本人做了一項普查，調查日本歷史上哪位偉人最受廣大民眾崇拜。結果不出所料，戰國時代的豐臣秀吉高居榜首，原因就在於出身貧農的秀吉，竟然能夠一統天下，突破封建階級的限制，讓許多人都深受鼓勵，也對其諸多作為津津樂道，在此僅舉一個例子與大家分享。

豐臣秀吉剛當上「下級武士」的時候，是負責管馬匹的，有一天他走在城中，看到民工正在修築不久前被颱風摧毀的城牆，他忍不住笑起來，負責修築的上級武士見到，大聲喝斥道：「喂！你這沒禮貌的，一邊看工事一邊吃吃笑，是什麼意思？」

「你真的不知道我在笑什麼嗎？」秀吉微笑說。

「笑什麼？你說！你說！」上級武士滿臉脹得通紅。

「如今我軍四面受敵，城牆毀於颱風，如果有大軍來襲，請問要如何抵抗？目前工事進行二十多天，卻只完成三分之一，這麼怠惰，怎能不令人恥笑？」秀吉義正詞嚴地說：「在這個亂世，築城應該遵守三個原則。第一要保密；第二要以堅固為上，外觀美醜次之；第三，工事進行中必須嚴防敵人突襲。可是，這次工事進度緩慢，又沒有計畫，城牆隨意修補，工地處處雜亂，我如果是敵方間諜，一定馬上會通報，乘機來襲。」

當天晚上，主君織田信長便召秀吉前來，問道：「聽說你對城牆工事有意見？」

秀吉回答說：「是！」

信長接著問：「本來你以下犯上，是要被處罰的，但我覺得你說的也有道理，如果你來修築，有把握幾天內完工？」

秀吉昂然答道：「三天。」

信長擔心地問：「搞不定，可是要切腹的喔。」

秀吉一派輕鬆地回答：「沒問題。」

第二天，秀吉三日不完工就將切腹的消息，早已經傳遍工人耳中，大家都暗自竊笑，工作起來甚至更加懶散。

傍晚，秀吉召集所有工人，正當大家以為要挨罵的時候，秀吉卻準備好酒好菜等著大家。他對所有工人說：「之後三天要麻煩大家，今晚便請大家先好好吃喝一頓吧！」宴會之中，彼此的距離不知不覺地拉近了。

酒足飯飽後，秀吉便對大家細說修城的利害關係，他懇切地說：「各位，蓋好自己的房子之前，我們必須先要把國家的城牆修好，才是王道，因為，一旦國破了，哪裡還會有家？」一番真誠的話讓工人們深受感動，個個誓死全力以赴。

之後，秀吉又將城牆分段、工人分組，以競賽的方式修築城牆。果然，三日時間就將城牆修復完成，秀吉也因此受到信長的獎賞，從管馬的小官，升任為率領三十人的槍兵隊長。

這就是豐臣秀吉「馬夫築城立功」的故事，從中，我們可以看到秀吉對於自己在工作職場上的定位，是積極、具企圖心的，雖然只是一名馬夫，卻從不對自己設限，總是試著透過站在最高角度綜觀整個情勢、事務，另一方面，也不斷地透過觀察與學習，延伸自己的工作範圍和能力。試想，若是豐臣秀吉平日就毫無準備，當機會來臨時，又如何有能耐順利達成織田信長所交付的使命？更何況在當時這還是生死攸關的工作。

未來與成就的牌，一直都握在自己手中

綜觀來看，豐臣秀吉出身卑微，又其貌不揚，綽號「猴子」，卻能夠受到織田信

長的賞識，破格提拔，絕非運氣！他曾說：「有的人雖然是一名小卒，但是只要他善於總結經驗，不斷在實踐中磨練自己，最終也能成為『金將』之材。」「金將」是日本將棋中的一種角色，地位相當於中國象棋中的「士」，其實，這也就是他對自己的定位和期許，為了落實這樣的目標，他告訴自己：「人可不能自己瞧不起自己！世上的事情，不管什麼事，都要幹得漂亮。」「無論受到什麼樣的誤解，無論陷入什麼樣的困境，沒有化險為夷的應變智慧和能力，就不能實現自己的志向。」

同樣地，在工作職場上，你想要遇到伯樂，也就必須效法秀吉，先讓自己成為千里馬，除了定位自己之外，還必須透過不斷地學習，才能讓自己具有實踐的能力，朝目標邁進。在企業組織與分工之中，很多時候無法將工作劃分得非常清楚，許多可能的灰色空間，往往也正是可以讓大家延伸工作學習與練習的機會。

比如說，你在拜訪客戶之後，如果遇到價格相關的問題，站在業務的立場，你可以有兩種選擇：

- 選擇一：直接將客戶問題反映給產品經理，讓產品經理自己去處理。
- 選擇二：主動幫產品經理搜集競爭者以及其他更多家客戶的相關資訊，並主動整理完整的資訊和分析利弊得失之後，再據此與產品經理討論因應方案。

以上兩種選擇你會怎麼做？假設你的做法是選擇一時，表示你是一位忠於自己職務的業務員；但是，如果你的做法是選擇二的話，那麼，你不只是一位忠於自己職務的業務員，無形中你也已經在練習「如何做產品經理」了，此外，如果你願意試著用英文來撰寫這份報告，則更是爭取到一次讓自己練習英文的好機會了。因此，每個人都可以視自己的時間與能力，積極拓展與工作相關的領域及工作範圍，並藉此累積自己的專業知識與提升專業能力。

站在不同的高度，眼界和思維的廣度也會不同

同樣地，屬於後勤支援的工作職務，也可以在現有職務上將自己的觸角往第一線再延伸一些，不要只把自己的目光集中在原有的工作範圍中，還可以更積極、主動吸收各種知識，並適時地勇於提出具建設性的意見，為自己爭取更多機會。一般，只要你主動、願意承擔的話，通常就有負責該事項的機會，相對也讓自己增加了職場表現的機會，再加上平日已做足功課，又怎怕沒機會出頭！

日本經營之神、松下電子的創辦人松下幸之助，在十六歲的時候就進入了大阪電器公司（關西電力公司的前身）工作，二十出頭就當上了檢查員，工作輕鬆，收入優渥，對一個沒受過多少教育的人來說，人生至此，夫復何求？但松下先生並不以此為滿足，還自行參與研發工作，發明新式的插座，也催生了松下電器與他個人的五千

億人生。

同理，以我們公司來看，相較於業務員和產品經理的工作來看，應用工程師（Field Application Engineer, FAE）的工作是屬於被動的，大都是在客戶碰到問題或有需求時，才配合業務員一起作業，但是，是否只要做到這樣就夠了呢？還是，你願意轉被動為主動，把自己定位在不同的職務上，跳出框框試試另種可能。有趣的是：一旦開始嘗試去突破自我設限的框架時，你會赫然發現：「原來，我的職涯舞台也會增加許多可能性。」

這是因為當你把自己定位在不同的職務上時，因為角度與立場的不同，你就不會有事不關己的感覺，因為每一個環節的效益，最後必然也會反映到你的表現或績效上，所以，你便會主動去做下列的工作，而非單純只是做完應用工程師的工作後，就打道回府了，比如說，你也會以應用工程師的身分：

一、主動與客戶交換名片，並保持聯絡、加強維繫，建立自己的人脈資源。

二、主動搜集客戶的BOM表（Bill of Material，物料清單）或是新產品專案的進展情況。

三、主動將客戶的需求交給業務員，並幫忙追蹤。

四、主動與主管討論並深入問題的根源。

培養自己的多功能定位，增強職場價值

很多年之前，因為B客戶通知我們，兩顆應用在其產品設計上的S廠牌驅動元件，有時運作情況良好，有時卻會出現問題。於是，我們派應用工程師甲君前往處理，甲君到客戶那邊檢查過後，發現原因出在hFE（電晶體的電源增益），即電流放大倍數不平均所致，於是建議客戶：最好其中一個用高hFE、一個用低hFE。

最後客戶接受甲君建議，也同意用高一點的價格請S供應商來做特殊分類檢測（Special sorting），將不良品挑揀出來。至此，身為應用工程師的甲君，只要將結論交給產品經理去和S供應商進行價格協商，便算大功告成。

但是，當年甲君一直很想嘗試業務的領域。於是，我告訴他，如果你有興趣進一步延伸工作觸角的話，不妨可以試著往下列方向做做看：

一、從公司庫存品依據不同的資料碼抽樣兩百件，試著分析高低hFE的比例，以提供給產品經理做為與S供應商協商的基本資料。

二、如果S供應商不能以一比一的高低hFE數量供應，是否還有其他客戶可以吸收不平衡的數量？

三、研究看看是公司自行分類檢測比較划算？還是委外分類檢測比較划算？

甲君聽後也真的依照我的建議，以積極的態度將自己工作範圍延伸到應用工程師的領域之外，不僅爭取到參與其他部門討論的機會，讓主管和同儕認識到他對工作的熱忱和能力，也讓甲君在嘗試的過程中，得到許多吸收新知的機會，也因此對後來的升遷產生許多助益。

我想給各位的建議是：自己的工作範圍如何定位，往往操之在己，可深可淺，不過，當你愈往深處思考時，你會赫然發現很多可以做的事情，而且愈做愈有趣，視野也將隨著不同的階段和自我定位而有所成長，同時，你也會在學習與實踐的過程中，漸漸體會到「雙贏」或「三贏」的樂趣，進而充分享受延伸工作範圍的成就感。

頭銜來自於名實相稱

當公司決定擴展大陸市場之際，A君便跟隨其他同仁來到上海，專門負責人力資源方面的工作，協助公司招聘當地的才俊，希望能藉此迅速融入當地業務市場。

求才廣告刊出之後，求職的履歷如同雪片般湧入公司，但其中良莠不齊，著實讓A君費了好大一番工夫，尤其是許多目前工作頭銜掛著「經理」的人，實際上其工作能力與經驗，都跟社會新鮮人沒太大差別。甚至還有一位求職者，跟A君直接表示：「錢少一點沒關係，但『頭銜』一定要是經理才可以。」

歷經整個招聘、面談過程，看了幾百位形形色色的人之後，讓A君深刻感受到：往往沒有能力的人，才需要靠頭銜來吹捧自己，但終究還是會被拆穿的。

事後A君指導人力資源的後進時，總會強調：碰到這一類浮誇的求職者，代表著他們工作的心態還不成熟，這種徒具虛名，名不副實的人，讓他們出去代表我們公司實在是太危險了，所以這類型的人絕對不能錄用。

確實，從社會觀點來看，「頭銜」往往代表了職權、地位和能力的印象，所以是許多人非常在乎的職場成就指標之一，尤其是面對客戶與市場的業務人員，對所謂的頭銜更是在意，所以才會出現類似上述「錢少一點沒關係，但頭銜一定要是經理」這種本末倒置的情況，甚至常錯誤認知：若是自己的頭銜不夠高，客戶就不願意甩你。但是，卻很少人深究「頭銜」背後所代表的涵義及真諦，也正因為這些觀念上的不清楚，導致行為上常常會表現出捨本逐末或是劃地自限的情形。

以下就針對「頭銜」背後所代表的涵義及真諦提供幾點看法，希望能協助大家釐清並建立正確的觀念。

頭銜必須與能力相稱，才能真正獲得他人尊重

無可諱言，當我們與他人第一次見面時，如果能夠遞出一張頭銜亮麗的名片，確實會令人另眼相待，看似非常體面，但是，如果這頭銜與自己實力不相稱時，只要一經面談之後，便會顯露無遺，此時不僅會讓他人覺得這個人不夠格，同時也會對公司的成員素質與服務品質產生質疑，進而對該公司失去信心。

換言之，名不副實的頭銜，並不會讓別人尊重你，反而更容易造成浮誇、輕佻的負面印象，不但對個人，也會對公司產生不好的影響，所以說，一張與自己實力不符的名片頭銜，不但無法為自己加分，反而是造成落差更大的負面印象。相對地，有能力的人，當他們面對客戶時，即使遞出的名片頭銜不高，但是從他們所表現出的專業素養和良好的舉止談吐，不但不會被輕視，反而會令人更敬重，對公司及個人印象也

將因此倍增好感和信任。

頭銜只是組織架構內的一個名稱

頭銜主要是為了因應組織運作和專業分工需求所設立的，以避免組織內權責不分或是重工作業等情形產生，對外，則其所彰顯的實質意義並非那麼地絕對，主要還是看你與他人互動時，別人對你的感受而已。因此，愈有能力的人愈不那麼重視頭銜。

事實上，我們也常常會看到一些聲名卓著的人士，他們的名片上並不印有任何頭銜，但是我們也不會因此而不敬重他們，不是嗎？

頭銜是相對性的位階，而非絕對性的

兩位年資、經歷都差不多的人，在小公司任職者得到的頭銜，往往會比較高，但這並不代表他的能力與地位就一定比另一位重要，只是因為公司的組織結構小而簡單，所以每個人都可以比較輕易地掛上「經理」、「副總」或「總經理」的頭銜。

你的生涯選擇是頭銜還是公司發展潛力？

一間人氣不旺的公司可能會以高頭銜來吸引不夠成熟的人任職；但是對於經驗、人格與能力都相對成熟的人來說，通常他們在選擇工作時，會更在乎該公司的發展潛力，比如說是否有良好的學習環境、是否有未來性，以及公司未來前景如何等等，總而言之，與頭銜比起來，他們更重視發展舞台的潛力與個人職涯的未來性。

在我們公司裡，就有很多高階主管以前都曾任職於其他公司，頭銜也比現在掛的還高，但是他們卻欣然同意降格來敝公司任職，這就是因為他們的心智比較成熟，清楚地明瞭：除了自身實力外，影響自己未來發展的關鍵因素是公司的發展潛力，而非頭銜。

不要為別人的眼光而活

相對地，我也曾看到有些在轉換工作時，勉強接受降格來任職的同仁，其心裡一直對頭銜耿耿於懷，所以不太敢掏出敝公司的名片給以前的朋友或同事，疑神疑鬼，總覺得以前的朋友或同事會看輕自己，非常在意別人的眼光，卻不知這大都是自己的心理因素在作祟。

試想：關心你、了解你的人，他們認識與交往的人是你，所以根本就不會去在意你名片上的頭銜。甚至許多真正有深度、懂的人，也很清楚公司組織大小不同，頭銜定位自然也不同，只有不了解狀況的人，才會一味地以頭銜判斷一切，假設你遇到的對象果真如此膚淺時，你又何必在意呢？

頭銜不等於職場影響力

記得以前有位業務員，同事們都叫他老徐，進到公司之前，是一個小型代工廠的老闆，因為赴大陸投資失敗，轉回台灣之後才進入公司擔任業務員。

因為老徐往日的經驗，所以他的能力與人脈都高出同期業務員許多，使得同期業務員常常都得向這位「前輩」請教，而老徐也很樂意跟大家分享，即使是對於其他部門，他也常會主動提出他的意見，所以主管們也很尊敬他，常常上層主管交付什麼任務，就會看到他們跑去跟老徐討論。

漸漸地，愈來愈常看到的情況是：總會聽到不少主管們和老徐說，

「老徐，幫我拿個主意吧！」

「老徐，你看這樣做好不好？」

「老徐，這事兒就全權交給你，你辦事我放心。」

就這樣，雖然老徐和其他同期的業務員，都是同時間進入公司，但是他以過往的經驗及其所累積的實力，讓他在公司和客戶心中的影響力，實非同期業務員可以比得上的。

老徐的影響力來自於他豐富的經驗和卓越的能力、樂於分享和略帶好雞婆（熱心）的人格特質。

此外，還有一位珠海外站的業務助理B君，也令我印象非常深刻，因為他的主管對他總是讚譽有加。通常，設立在較偏遠地區或是還未具規模的業務分點，我們稱為「外站」，雖然主管A君很希望建立一支具團隊精神的業務部隊，讓成員有家的感覺，能發揮高昂的團隊競爭力，但是這樣的期待對於處在人員浮動較大的珠海外站來說，著實不易做到，直到B君加入這個團隊後才開始有了改觀。

B君是珠海當地人，年紀雖輕，但是處理事情的悟性和學習意願都非常強，只要他可以做的，他總是當仁不讓，在他的字典裡沒有「公事」和「私事」的區隔。比如說，

一、除了每週都會提醒業務員有關應收帳款、虛擬倉的貨、快過期的訂單等細節之外，在業務員忙不過來的時候，他也會主動幫忙聯繫客戶採購或財務，提醒對方訂單或應收帳款的狀況。

二、平日就會主動留意有哪些好吃又經濟實惠的餐廳，先將貴賓折扣卡辦妥，或是找到好的簽約酒店，一旦當產品經理、應用工程師過來出差、拜訪客戶

時，就能立刻派上用場。

三、幫同事找房子：外站業務很多都是離鄉背井從外地來的，B君總會積極幫忙打聽哪邊有離公司近又居住舒適的房子，當然，也會動用在地關係幫同事預先談到合理的好價錢。

四、組織羽毛球隊：利用週五下班後或是週末假期的空檔，他不只邀集公司單身同事，還會連廠商和客戶都一起邀來聯誼切磋。除了打球以外，他也會常常主動邀集大家一起去烤肉、郊遊，當然也不忘會徵詢大家意見說：「要不要約客戶啊！反正大家都在珠海，珠海我又熟，約大家一起來玩吧！」透過B君的居中連結，讓大家和客戶之間互動更為親近。

五、幫公司推介人才：公司需要助理時，也是透過他介紹才找到的。

六、主動學習公司系統更新的功能後，回來後不但主動教同事，還盯到每位同事都完全學會為止。

主管A君從不諱言他所強調的團隊精神，是透過B君的配合才開始有了點、線、面的連結；因為B君不但是同事、客戶和當地廠商之間的橋梁，也是主管A君和同事之間很重要的溝通橋梁。於是，他告訴團隊：「大家都當是兄弟一樣，不論是大大小小的事，公事或私事都可以在開會中提出來，如果不方便跟我講的話，也可以跟B君講。」

但是，B君卻從不會因此就私下向主管打小報告，他會在會議上請當事人直接提出來，透過一次兩次實際操作後，大家開始覺得這方式很不錯，就像個大家庭一樣，沒有什麼是不能說的，於是他們開始將心中的疑慮或不滿在會議上提出來，許多觀念也藉此可以釐清。

透過B君的熱心與協助，主管A君說：「我現在變成有另外一個耳朵，另外一隻手可以幫忙，就算終日在外面奔波，家裡也不怕著火，可以安安心心地全力衝刺業務。」B君雖然頭銜不高，卻充分獲得主管的信任與授權，同時也以自己本身所散發出來的人格魅力和影響力，讓主管、同事、客戶和廠商都願意以B君為領導中心，聚集在他的周圍。

B君的影響力來自於他凡事都為公司、同事著想的雞婆（熱心）態度，以及勇於負責的人格特質與執行力。

整體來看，許多突破公司制式頭銜局限，為自己爭取更大揮灑空間和表現的人，不難發現他們的人格特質都有以下的共通點：

- 品性端正。
- 人際關係好。
- 知識廣泛。
- 工作執行力強。
- 積極果斷。
- 凡事往上站在主管或老闆的高度思考事情、提出具體建議。
- 行有餘力，樂於多管「閒事」，發揮好雞婆的助人精神。

反之，過於在意頭銜的人，則常會因為頭銜一事而畫地自限，總是會拿著「為別人眼光而活」的框框套住自己，以至於無法在工作舞台上盡情揮灑，也難成大器，而無法成就自己的關鍵，不是別人限制你，反而是自己的想法限制了自己成長的腳步，十分可惜，也十分可憐。一旦你深諳以上的道理時，就不應該在掏出名片時，過於在意比較彼此頭銜的高低，重要的是如何讓他人敬重你的專業，而不是看重名片上的頭銜，甚至還會因頭銜的名實不副而對你嗤之以鼻。

切換角色與角度，延伸工作範圍

無可諱言，企業組織裡每個階層都有其應該負責的工作範圍，但是，只要你願意的話，不論是業務員、應用工程師，甚至是處長、協理或是部門主管，其實都可以跨越現在的工作範圍，對工作內容或相關業務多思考一點、多深入分析一些，再向上面主管提出可行的建議方案，事實上，當你願意、也可以這樣做的時候，就等同是你已經向上跨越一階層，開始練習做上一階層的工作一般。

換言之，每一個階層都可以跨越現有的工作範圍，站在不同的立場換位思考。大體來說，你可以朝下列三方面更進一步想像一下：

一、易地而處，向上一個階層或更多階層延伸

如果你是部門主管的話，遇到任何事情不妨往上想一下：「如果今天我是上一階層的主管，或是更上層主管的話，這件事我會如何處理？」一般同仁也是一樣，當你面對事情時，不妨養成反身自問的習慣，多花個五分鐘時間問自己：「如果我是主管的話，我會怎麼做呢？」

二、換個角度，向其他部門工作範圍延展

除了站在上一階層主管的立場思考之外，有時也可以換個角度（指職務不同）來看待事情或問題。比如說，當業務員或應用工程師完成自己負責範圍的工作之後，不妨也可以進一步想一下：「如果我是產品經理的話（雖然自己現在並不是產品經理），又該如何處理呢？」站在與自己業務完全不同的同仁立場多想一想，往往會有不同的啟發與感受，而這些思維有時也會讓自己在處理自身工作相關問題時，因而更為得心應手。

三、換個角色，切入高階主管的思路中

甚至，還可以換個角色（指職級不同），站在最高階主管的立場思考。比如說，

當某件事的最高核可主管是總經理時，不妨在你準備提出建議方案之前，先將自己轉換為總經理的角色，預先切入總經理的思路之中，想一想：「如果我是總經理的話，看到這樣的提案，會通過嗎？」

以上這三個方向的練習，也是在臨床心理學中「想像力訓練法」的一種運用。想像力訓練的理論基礎是：人腦會把「想像」當作真實的經歷存入記憶之中，所以只要有細節和有情感地想像一次，就相當於這方面的經歷指數又增加了一次。於是，體育心理學家常用這個方法訓練奧林匹克運動員和NBA球員，很多企業也會用想像力訓練來培訓公關人員和業務員，訓練中會要求受訓人員「想像一下」自己在各種場合的面談、對答和應酬的細節，「想像一下」自己表現得瀟灑、自如和自信。很多資料證明：想像力訓練的效果非常顯著，受訓的大多數人都能在短時間內大幅度地提高專業技巧和自信心。

同樣地，我們也可以將這種「想像力訓練法」運用在工作上自我成長的練習，每當遇到狀況、提案、溝通時，都可以切換角色、切換角度，隨時跨越現有工作範圍，「想像」一下如果我是主管；如果我是MIS、產品經理、助理；如果我是總經理、老闆，我會怎麼做？多提醒自己、多練習站在不同的立場分析思考事情，無形中，你就是在做上司或其他部門的工作，長久下來，無論是增加你在專業上的相關知識、訣竅或是對你往後的升遷發展，都將會有極大的幫助。

機會來前，先做好準備

居里夫人曾說：「弱者坐待良機，強者製造時機，但是，智者則會在坐待良機和製造時機之前，先做好準備。」因為機會來的時候，有時就像閃電一般短促，如果你在之前沒有做好準備，根本來不及抓住它。所以，你必須在自我定位的大方向上，設下幾個中途的目標站，再將每個目標站所需要具備的專業知識與技能弄清楚，有效率地學習與補強。

應用工程師的進階準備

應用工程師是企業裡除了業務、產品經理之外，第三個直接面對客戶的窗口，主要負責提供客戶技術上的售後服務，除了要熟悉公司產品之外，在面對客戶時，良好的EQ、溝通能力也是不可缺少的。儘管如此，多數應用工程師在大老遠地跑到客戶端進行維修或技術支援時，卻只針對手上工作的範圍，在事情完成後便立刻打道回公司。但是，當你對自我定位有更多期待、想要延伸自己的工作範圍，為未來預做準備時，你可以有以下幾個目標站：

- 如果你想要朝技術主管之路發展時，除了要將本業的知識修鍊到很精深之外，你還要具備健談、熱情的好雞婆（熱心）個性，除了專注於解決眼前問題之外，還能更關心公司與客戶端相關技術或是產品的連結，所以你可以在工作過程中，多跟對方聊聊新技術的需求、客戶端產品發展或市場的動向，進而思考一下，是否自己公司有其他適合的產品可以推薦給客戶，一方面可以從專業面向客戶介紹，另一方面則可將訊息帶回公司後轉給相關的業務單位，練習提高自己在客戶端和公司端的影響力。
- 如果你還有餘力，也願意協助追蹤客戶端和業務部門的後續情況，當客戶有所抱怨時，幫忙安撫處理，那就是更進一步將自己的工作範圍開始跨部門延伸至策略行銷領域。（在敝公司，策略行銷部門主要是支援跨部門的橫向連貫，以及錯綜複雜的灰色地帶，比如說：MIS的問題、交貨、通關、業務員服務態度等，所有與客戶滿意度相關的問題都是其工作重點。）也就是說，你已經開始學習如何做一位策略行銷經理。

業務員的進階準備

切記，不同領域的工作並非完全不能流動，除了現有職務上的專業必須努力做到位之外，還應該多將你的工作範圍延伸到其他的領域，積極學習如何讓自己成為職涯舞台上不設限的通才。比如說：

- 如果你是業務員，卻想要跨向產品經理的方向發展，那麼，就不要只把自己當作是單純的傳聲筒，應該更主動搜集客戶端和市場端的相關資料，並試著分析哪種價格對公司最有利，先推銷有庫存壓力的商品等等，預先讓自己站在業務主管和產品經理的角度，以更寬廣的視野面對工作。

- 如果，你本身也具有應用工程師能力的話，那麼在自己的業務工作之外，一旦遇到客戶端有技術支援需要時，或許你也可以跳出「職務的框框」，及時幫忙客戶維修解決，用專業加深客戶對你的信任與依賴。
- 若你是對策略行銷領域的工作感興趣的話，那麼，你就必須快速提升自己對公司各項產品的熟悉度，不但要知道產品的行情，還要知道有關產品的專業知識、公司內部所有相關的作業流程，甚至各部門作業人員及主管等。
- 至於區域主管，就更是適度好雞婆（熱心）個性與多方綜合能力展現的最高階表現，其工作範圍之廣，還必須兼具行政、法務、總務、會計、教育訓練等領域的相關知識。

不妨還可以試試看：將自己的工作範圍定位在最高階主管的思維、視野和自我要求之上，如此一來，將能協助讓你平日考慮事情的角度更寬廣，也會因此比其他人有機會累積更多的知識、經驗與人脈，而這些都是決定你未來升遷的重要因素，絕對不會做白工。切記：唯有透過你平日工作的累積與培養，預先準備好，才能在機會來到時乘勢而上，若是在職場上你總是吝於付出，對職務範圍之外的事也漠不關心的話，那麼，即使有一百個機會找上你，你也只能眼睜睜看著其他人高升，因為你根本還沒有準備好可以抓住這些機會的足夠能力。

其實，只要你願意，每家企業都有很多可以讓自己跨部門、跨領域、跨階層學習的空間存在，千萬不要被自己的職位給限制住，必須勇於突破自我限制，跳出層級，否則將很難讓人發現你的優點。

主管充電站

一、隨時隨地思考、調整部屬的定位

每個人都一定有他的特長，身為主管的你不但要了解成員特性，知道怎麼用他，還應該要隨時隨地思考：他放對位置了嗎？這時候可以再加大或改變他的平台？而非在面對組織調整時，才開始認真思考人員的定位與調整。

二、創造新平台是主管應具備的能耐

基本上，如何擴大同仁的挑戰平台，應視為主管的日常課題，因為「創造新平台」是身為主管在面對同仁發展時不可或缺的創意能力，你對人才主動的態度，以及更具遠見的安排和激勵，不但會讓優秀人才更樂意留下來，公司也會因

而得到更大、更正面的收益。以下是我在思考人員安排時所採行的基本原則：

- 留心檢視、找出組織中每位成員的特性。
- 根據成員特性，創造足夠的新平台，鼓勵同仁樂於跳出現有資源，得到更多的展現與發揮。
- 盡可能明確地在部門中賦予其責任範圍與可以延展的方向，讓同仁的熱心可以在本分範疇中得以伸展。

三、善用組織中的人力槓桿

跳脫「減人」思維還可以有一個比較好的做法：加一個人以連結很多散處各地的人力，亦即將槓桿原理運用在組織人力中，形成人力槓桿，不僅突破了業務開發上的限制，也順利解決了組織運作上許多橫向連結的灰色地帶，發揮臨門一腳的關鍵力量。

比如說，敝公司在二〇〇八年金融風暴時，為了保有資深業務戰力又可同時面對惡劣情勢，遂在某些地區的組織中，加設一位具有槓桿作用的業務開發專員職務，一方面負責開發新客戶，另一方面也協助該區業務在現有客戶中挖掘新商機、協助原有業務同仁行銷其他產品，成形後再讓業務同仁繼續維護；透過兩種開展新業務的角度，讓多位業務同仁的業務拓展速度，均可藉由一位業務開發專員的推動、協助，甚至還可透過橫向交流的方式，將有價值的經驗做法推廣至其他事業單位，形成更快速分工的業務服務網絡，創造出更多新的商機。

四、目標遽增時，思維必須跳出現有組織框架

當公司賦予你一個新的任務與使命時，你會從現有的組織架構與人力配置去思考？還是跳出現有框架，重新檢視與思考？

比如說，A部門去年業績為六千萬美元，今年公司希望它能達到一億美元，身為A部門主管的你會怎麼做？

多數主管可能會根據目前達到六千萬的現有組織架構，進行人員的調動與目標要求，然而目標六千萬與目標一億的要求本來就應該要有不同的思維和布局，你可以跳脫原有組織框架，重新從組織架構上先著手思考：要達到一億美元的目標，需要幾位產品經理？幾位業務員？大陸、台灣等各區人員應該如何配置才是最佳化？是否還需要一位統籌的專案主管編制？才能更順暢地讓戰鬥力在短

期內成長一．六倍以上，達到一億美元的目標。而不是只要求業務人員加大業績數字或增加業務人員而已，因為如果無法從根本架構問題進行思考、規劃和配置，後續也很難精準落實執行力。

當組織架構規劃完成後，第二個該思考的問題是：人力配置。如何將所需要的適合人力補到位，以發揮戰力。最重要的原則就是：千萬不要在原有範圍裡打轉，為了尋找合適人才必須跳出框框思考。也就是說，若是現有組織中，找不出適合的人，不妨從其他事業單位中尋求，若有適當人選，可以和高階主管協調是否可以調派？或是從外面訪才，透過同業人脈、公司人資、以前認識的朋友……，盡可能完成所需的人力配置，讓組織架構發揮出應有戰力，才能達成目標。

第二章

權力來自於工作投入

七〇年代，殼牌石油（Shell Oil）租稅與財務部發生了一件大事，部門主管突然心臟病發，無法執行管理職務，整個部門因此陷入一團混亂當中。事情剛發生時，法蘭和其他員工一樣，陷入了恐慌當中，身為部門中資歷最淺的員工，當下，她只想大喊：「天啊！我才進公司沒多久啊！」

驚慌的情緒略微安定之後，眼看著部門同仁都像無頭蒼蠅般漫無目的地亂竄，法蘭深深覺得事情不能這樣繼續下去，於是她嘗試把自己置於部門主管的位置上，並且制定了一個計畫。法蘭事後回憶道：「這件事讓我精神抖擻，但同時也很恐懼；那個時候我雖然很想扛起責任，卻不知道自己的肩膀夠不夠硬。」

不過，法蘭還是鼓起勇氣，以自己的名義召集部門中所有的同事，她本來以為不會有人甩她，但事實上，那些有著多年經驗的同事，一看到這位小女生挺身而出時，就好像汪洋中的小舟看到燈塔一樣，一個不少地都來了，甚至開始向法蘭提供建議。

部門中，一旦有人站出來，大家便像吃了定心丸一樣，馬上各司其職，原先紛亂的狀況也立刻就恢復了正常的運作，當然，法蘭也因此受到許多人的賞識，在殼牌集團的舞台上開展了她個人的職涯規劃。

三十年後，她成為殼牌化學（Shell Chemical LP）的總裁兼執行長，在她的領軍之下，公司也安然度過了多次危機與挑戰。

部門中資歷最淺的菜鳥，最後不但成功地挽救了整個部門，也抓住了機會將自己推向了更大的工作舞台，這絕不是運氣！從故事中，我們不難看到法蘭可以成為職場贏家背後的一些特質，這些贏家特質也正是我想在本章節中藉由法蘭的故事，和各位深入分享的一些心得。

不在職場搞自閉，積極儲蓄人脈資源

基本上，法蘭並不是部門中的幹部，甚至連資深的員工也談不上，雖然如故事中所說：在慌亂的部門中，一旦有人站出來，大家便像吃了定心丸一樣，馬上各司其職。但是深入想想在工作職場上的實際關係時，我們可以知道：如果不是法蘭在進入公司之後，就積極融入工作，經營好內部關係的話，又怎能在關鍵時刻讓大夥很自然地信任她、接受她，甚至還協助她。

所以說，要成為職場的贏家，就應該在踏入職場的那一刻開始，多注意自己的思考方式和態度，避免掉入工作圈的「門戶之見」當中，自己限制了自己權力（這兒所謂的權力，不是指位階，而是指可以改變個人或團體行為的能力）的發展而不知。以下我們就來看看在職場上有哪些「門戶之見」，會讓自己未來發展的路愈走愈窄。

保護意識作祟

不喜歡別人介入自己的工作領域，不管是主管或是旁人想拜訪一下自己的客戶，或是索取相關資料，馬上就會興起「保護意識」，百般藉口或敷衍一番，不樂意真誠地安排。其實這樣的態度無論是對自己或是對別人都是一種損失，因為在愈來愈重視團隊精神的商場上，這道城牆不但阻礙了互相交流的機會，也可能阻礙了你吸收新資訊的機會，不知不覺讓自己的視野或處事方法停在原地，難有進展，久而久之，就很容易讓你原本的亮點漸漸失去光芒。

只做份內之事

明明是舉手之勞的事情，但是，只要是規定不清楚或是不屬於自己的權責範圍，便不樂意幫忙；或是自己有空，看見別人很忙也不願意主動幫忙，怕麻煩、怕自己吃虧，或是怕自己浪費太多精力、時間在自認為「不必要」的工作上，凡此種種，很容易失去寶貴的人緣，也很容易失去工作的樂趣。仔細想想：你每天和同事之間的相處時間可能都比同學、朋友，甚至家人都還多，如果總是如此計較工作疆界的話，又怎能全心投入工作？一旦無法放開心胸投入工作，和同事之間維持良好的互動關係，漸漸地也很難領會到工作的成就感和樂趣。

堅持己見

在工作上，要有「專業觀點」，卻不能太過於堅持己見，因為多數堅持己見的人，心胸總是較為封閉，心態上也比較固執，所以常常會聽不進別人的意見，也不願意站在別人的立場考量，總以為自己的意見才是對的，此舉也將會大大地把自己推出成功圈之外；特別是愈想要往上層發展的人，愈是需要面對許多與人相關的問題，以及與各方斡旋協商的機會，如果一開始你沒注意到自己有此傾向的話，那麼，隨著工作年資與內容的增加，你和他人對立的頻率也將愈高，久而久之，豈非讓自己的同伴愈來愈少，路愈走愈窄？所以說，「堅持己見」常是成功的一大阻礙。

宅在自我世界裡

或者是因為個性上較為木訥，所以在電梯口碰到主管，總是想馬上溜走，看到主管走在前面，就不自覺地放慢腳步，避免打招呼，應酬餐會時，也總是坐在自己的位置上，從未見他起身去和大家寒喧、交流；又或者是只喜歡用電腦和人交流，卻不想跟人面對面打交道；或是剛進入一家新公司時，總覺得和大家話不投機，言語格格不入，於是就選擇獨來獨往，不喜歡和別人交流，常喜歡一個人悶頭待著，也不參加公司各種活動或是餐會……，凡此種種，只想宅在自己的舒適圈中，未能在平日工作或團隊互動中顯現出積極、進取的一面，典型是放縱自己去忽略「機會可能隨時在身旁」的殺手，以至於失去了自己在工作上的價值，和錯失可能被拔擢的升遷機會。

美國西雅圖有個知名的派克魚市場（Pike Place Fish Market），被譽為是世界上最快樂的魚市場，在這裡你看不到臉色沉重的工作者，他們個個面帶笑容、身手不凡地一邊唱歌，一邊將手中像冰棒般的魚傳來傳去，互相唱和著：「啊！兩條鮭魚飛往明尼蘇達去嘍！」「五隻螃蟹奔向華盛頓了！」顧客們只看到魚蝦螃蟹在空中飛來飛去，就像馬戲團的表演一般，從不漏接，充滿歡樂。特有的賣魚方式讓他們成為國際的觀光焦點，大發利市，遊戲而愉悅的工作氣氛也影響了許多上班族，還有人特地前來向魚販們取經：「一整天在這個充滿魚腥味的地方做苦工，為什麼你們還可以這麼快樂？」

訣竅就在他們的歌聲中：「過去已成歷史，未來難以預知。今天是個禮物，而今天就是此時此地，能使我們感覺如魚得水的快活因素，不是環境，而是態度。」所以，想要有如魚得水的工作氣氛，是要靠自己主動創造。據說，這個魚市場本來也是個死氣沉沉的地方，魚販們覺得與其每天抱怨沉重的工作，不如改變工作的品質，於是，當某個人打開胸襟跨出第一步，創意就一個接著一個，而今，魚販們不僅賺到了錢，也贏得了大家對他們工作上的尊敬。

相對地，如果當初魚販們沒人願意主動跨出藩籬，那麼，也看不到今日的成就與榮耀。所以，在工作職場中，要往遠處看，胸襟開闊一點，從現在就開始儲蓄未來的人脈資源，建議你可以透過下列方法，從平常就開始建立、培養「好」的人脈關係：

一、平時樂於助人，不擺架子，協助同仁解決困難。

二、願意配合組織發展，提撥部分備用金給正在開拓市場的單位主管運用。
三、多參加其他部門的會議及聚餐，以增進了解並培養交情。
四、在位掌權時，勿故意刁難別人。
五、多參加外界的聚會或球敘，熟識相關人員。
六、常與同仁討論事情或下班後閒談。
七、多與同學或同行業務員保持聯絡。
八、拜訪客戶時，留意是否有適當業務、應用工程師、行銷等人才，並試探其意願，當部門或公司有需要時，適時引薦。
九、建立自己的領導風格與信譽。

切記，當你有好的人脈關係（或稱班底），才可能在工作晉升舞台上一路通暢。

「挑戰」是增強實力的最佳推手

誠如前一章節勉勵大家的：想要成為職場或人生的贏家，都應該在機會來臨之前，預先做好準備。法蘭擬定計畫時，也曾經害怕自己不夠格，她事後回憶道：「這件事讓我精神抖擻，但同時也很恐懼。」所幸，她並未被恐懼吞噬挺身而出的勇氣，當時，如果法蘭畏縮不前，她將永遠不能知道自己的計畫是否可行？也不會知道自己的能力是否已經足夠？所以當你在職場上，一旦遇到有新的發展機會或挑戰時，千萬不要妄自菲薄，不敢挺身接任新的職務或任務，其實，你只要有七、八成的把握，就應該要勇敢地接受挑戰，至於可能還不足的兩、三成，則可透過新職務上的實際磨練，予以增強、累積自己的能耐和實力。

某次，X原廠品項MJE13007料件在A客戶的新產品應用上出了問題，當時公司派應用工程師甲君負責協調處理，於是，甲君陪同A客戶一起出國到X原廠總公司進行了解，結果發現問題是出在新版料件減縮了晶方尺寸（die size），才造成功率兩百瓦特以上的應用產生問題。經過溝通協調後，X原廠允諾下次出貨時，將恢復用舊的版本，同時也答應將目前A客戶的庫存一併進行更換。

基本上，站在應用工程師的職務立場上，屆此，甲君已經算是功德圓滿協助客戶、公司解決問題了。只是，我覺得甲君平時表現得很不錯，再加上這次處理也很俐落，讓整個事件很順暢圓滿，所以當甲君回來向我報告時，我告訴他，如果你有興趣朝策略行銷發展的話，不妨還可以從這個事件上多延伸思考一下：

一、其他尚未發生問題的客戶，是否要先通知？

二、公司還有的庫存是否該檢測分類一下，以確認新版和舊版該賣給哪些客戶，才不會再出問題？

甲君對我的提議有點訝異：「我適合朝策略行銷發展嗎？」但他還是很樂意接受新的挑戰，於是，甲君就根據我所指示的思考方向，先檢測目前公司庫存的狀況，確認目前MJE13007庫存的新版數量還有兩百萬顆左右，再利用之前維修的經驗，提列出幾間可能會接受MJE13007新版本的客戶名單，然後再向業務主管建議聯絡他們，結果發現可以接受的客戶需求量，超過想像，不但處理了我們公司兩百萬顆的庫存，甚至連X原廠的庫存都順利消化。

之後，也即時通知了其他可能將應用在功率兩百瓦特以上但尚未發生問題的客戶，最後，我們不但本身賺到錢，還做了人情給X原廠，同時也幫客戶節省成本，達到所謂「三贏」局面，不，應該是四贏的局面，因為經過這次之後，甲君更為積極在工作上運用其技術和維修經驗上的優勢，大膽就其所觀察到的做好整理，提出建議，也讓他在工作上的表現愈顯光芒，一路攀升，讓自己成了出色的業務主管。

很多時候，機會是藏在「勇於嘗試」和「勇於挑戰」之中，我常鼓勵同事，只要自己有很好的點子或建議，就應該大膽建言，不要總覺得自己階層不夠，不好意思說，或只願意私下談談，失去「讓更多人發掘你的優點」的機會。切記：不管最後是否會被採用，絕對都是好事。你會在主管、老闆心中留下好印象，讓他們記住你是一位觀察敏銳、發現問題，同時還有觀點，是樂於思考、嘗試解決問題的人。

三人行必有我師，是突破與成長的不二法門

或許是礙於身段、面子問題，也或許是怕開口請教就表示自己能力不足的迷思作

祟，我常在職場中看到以下兩種自己綁死自己，做事很沒效率的情況：

一、總認為公司規定與組織層級是死板的，碰到困難或問題時，只會往上一個層級（直線式）反映，不會尋求左邊、右邊、再上面、更上面或是下面的協助。

二、自己花了很多時間解決不了的問題，仍堅持要自己完成，不願開口請教。

以上兩種情形，如果能夠本著「所有人都是老師」的觀念，也許你困惑或覺得困難的地方，很容易就可以從他人處得到答案，你會發現：原來每個人都有你值得學習、請益的地方，正是孔子所謂的「三人行，必有我師。」切記：主動請教絕對有助於解決你的困惑，而且向別人請益或是樂於吸納其他人的建議，不但無損於你的專業，還有助於加快工作效率，而且，只有追根究柢，讓自己真正明白了，才不會讓自己重蹈覆轍，讓今天的含糊帶過或僥倖過關，成為未來工作上的絆腳石。

所謂「學問！學問！」就是要「問」才能積累出知識，更進而轉換成學問。事實上，這也是我一直所秉持的精神，所以平常我一旦碰到不懂的事情，馬上就會詢問相關的人員，務必把它弄清楚，而不會不懂裝懂，或者因為要問的東西太簡單，就羞於問下屬，也因此獲得一點一滴的知識，長久累積下來，延伸的綜效就相當可觀。

舉一個最簡單的例子和大家分享。有次，法務部呈上一份與T供應商合作的合約請我批准，在其中我看到一則條文提到：「當T供應商稽核我們的銷售狀況時，我們需出具有客戶蓋章的售貨單，或是附上GUI。」

GUI？什麼是GUI？

從前後文來看，我也無法確知這縮寫的全名意涵，於是立刻詢問法務。法務人員告訴我，必須要詢問會計，於是我問了某位會計同仁，GUI的全稱是什麼？

他回答道：「ＧＵＩ是Graphics User Interface，一種以圖形化為基礎的使用者介面，董事長，這好像要去問ＭＩＳ喔。」

我說：「我是問你會計上的ＧＵＩ是什麼？你說到哪去啦？」這位會計同仁愣在當下，久久才回說不知道。後來，問到會計主管才揭曉答案！

原來ＧＵＩ的全稱是「Government Uniform Invoice」（統一發票）。

僅僅一個問題，我前後追問了許多單位和人，才找到真正完整的說法，可是反溯法務、會計等同仁，他們每天都在處理相關的事務，卻忽略了這種追根究柢的學習精神，而這其中自然也牽涉到「自我設限」的問題。

或許你會覺得何必如此嚴肅！不懂艱澀的全稱是什麼，可能並不影響你的工作，但是這也是一種好習慣養成的反映，因為你很難知道哪些是你職涯發展道路上的關鍵字，哪些不是？如果平常碰到不懂的事情，不去問、不去尋求解答，你知識的廣度和深度又要如何累積？

更進一步來看：若是在平日工作當中，舉凡碰到不懂的問題，都不去徹底尋求正確或明確的答案，或是與工作範圍內非直接相關的任何事項，都不想深入了解，這不也是自我設限的一種嗎？久而久之，也會讓自己工作專業上的知識不那麼到位，疏漏百出。

尤有甚者，不懂的卻裝懂，或是因為怕自己問的問題太簡單，就羞於啟齒，那麼，一旦真正遇到問題時，又如何能應對自如呢？

我相信，大家在工作職場上都會發現幾位同事，他們像是百事通一般，處理事情看起來總是特別得心應手，其實要做到這樣的程度並不難，最重要的就是常懷抱一顆積極主動且單純的好奇心。千萬不要自我設限，凡是遇到不懂的事物，就要主動詢問；碰到不了解的東西，就去主動探尋相關的同仁，即便對方不是你的直屬長官或同部門的同事，依然可以求教，不必羞於啟齒。

事實上，「並非只有你的直接主管才是你的主管」，公司裡任何一位主管都隨時可以幫助你解決問題，甚至於各部門同仁也都有其特長及專業的地方，如果你能善加應用職場的同事、人脈，無論電子專業知識、銷售技巧、應對進退的禮儀、國貿常識，或是到產業動態、財會常識、MIS等，你都可以從不同人身上學到不同的東西，進而「集大成於一身」。所以，千萬別「自我設限」，尤其是不要在寶山裡只挖到一點點寶就滿足了，或根本不會去挖寶，那麼你的職場收穫就太少了。

快向「傳聲筒」說拜拜，建立「自慢」的專業

從法蘭的故事當中，我們可以清楚看到權力來自於自己，想要握有職場「權

力」，你就必須要有想法，要在工作上能提出專業觀點，不要弱化自己的功能成為一個「傳聲筒」。

我不知道，我請設計公司估算看看

大陸辦公室最近想略作修改，於是請管理部同仁甲君找裝潢設計公司，請其根據需求提出建議設計草圖。幾天後，甲君將設計公司的設計規劃圖送了過來。

我看了看草圖，對甲君說：「我想將主管區與業務員區的位置對調，你幫我估量一下，這樣的改變，座位會增加還是減少？」

甲君爽快回答：「沒問題，我請設計公司再估算看看。」

我聽他這麼回答，便忍不住問他：「你知不知道座位間的主走道通常要留幾公分？次走道又要留多少空間？」

甲君想了想，回說不知道。

我又問他說：「如果是非主管的座位，大概需要幾公分寬？」

甲君想了想，依然搖頭。

我再問：「那麼，會議室後面應該留幾公分，才不會妨礙到人員通行？如果要簡報的話，前面黑板的空間最少又該留幾公分才適當？」

甲君仍低著頭回答：「不知道，我從來沒有想過。」

我忍不住嚴厲地對他說：「你知道你已經掉入自己挖掘的『自我設限』陷阱了嗎？

「辦公室的規劃、設計等工作都是屬於你的管轄範圍，但是你卻從未想要深入去了解相關的知識與過程，讓自己真正成為工作範疇中的專業，你現在做的工作，充其量只是扮演好一個傳聲筒的角色而已。」

我告訴甲君：像你這樣只一味地依靠設計師，將會有兩個致命的缺點：

一、設計師的規劃與公司未來發展的功能需求未盡相符

設計師畢竟不是公司的內部人員，所以設計出來的東西，通常與我們真正的功能需求有所落差，例如：哪邊的空間需要先保留？將來可能需要擴增的人力規劃空間？哪些部門日後的調整可能會與哪些空間的調整連動？萬一空間不夠的時候，打算先拆哪裡？……這些攸關公司日後的發展與需要，只有你才會知道，所以你必須事先有所想法與規劃，才能精準地告訴設計師，避免讓公司的未來發展遷就於現有的空間規劃。

二、受限於設計師先入為主的思維

如果你腦海中事先沒有規劃和想法，當然很容易受到設計師所提出的設計草圖所影響，一旦陷入設計師的思維瓶頸裡，被先入為主的想法牽引後，就很難再有自己的想法。例如草圖中，會議室若已經畫在右邊，即使它並非最佳選擇，也不符合公司所需，但你面對這問題時，就會忍不住一直往相同的方向思考、打轉，很難跳脫，以致往往無法找到配合公司效益的最佳方案。

我繼續告訴甲君：「你最大的錯誤就在於觀念上『自我設限』，認為自己只是負責發包，設計師畫好了草圖，你沒有事先消化，就直接拿來給主管，等主管下了裁示或表達了修改意見，你再回頭去告訴設計師，這樣你不就把自己的功能弱化到『傳聲筒』的層次了嗎？現在如此，放眼未來，你不也同樣將自己的前途發展自我設限了嗎？」

我再次叮嚀甲君，理論上，辦公室裝潢、設計一旦責成你管轄，最起碼對一些必要條件也應該要先有概念，像我過去在處理裝修辦公室的時候，就曾經對辦公空間與其功能性之間的必要條件深入研究、了解過，譬如說：

- 主走道至少要預留一百公分，若能留到一百一十到一百二十公分最好；
- 次走道不能小於七十五公分，能預留到八十五到九十公分最好；
- 主管坐的空間，從桌子到牆壁，大約要一百五十公分才夠；如果旁邊還要再坐一個人，那大概要再多留六十五公分左右；
- 會議室如果前面需要預留簡報的空間，則會議桌與黑板的距離最起碼要留一百二十公分左右；

● 如果會議室後面需要預留人行通道，那最少需要預留一百公分；如果不需要，則只要考慮一個人的座位，大概九十公分左右就足夠了……

這些都是提升辦公空間功能性最基本的必要條件，為何負責主事的甲君卻一問三不知？如果甲君無法掌握工作流程中的相關細節，又怎能期待他可以在工作上展現出最好的績效？我曾碰過很多總務，對其負責範疇內的印表機或影印機機型、碳粉、紙張等相關耗材的優缺點、成本，甚至所產生的經濟邊際效益都非常清楚，這才是我們所謂的「專業」。

專業和傳聲筒，只在一念之間

不只是管理部，事實上，不管任何單位、任何職務，只要在我們承辦或經手的工作範疇之內，都不該自我設限成為聽命辦事的「傳聲筒」，而要積極地學習、思考，通盤掌握其中細節；以業務為例，除了要對客戶的財務狀況、營業額、應收帳款等，或是對產品的應用、價格、市場……，以及銀行的手續費、信用狀條款、公司運作流程、運費……，甚至法務、國貿常識等相關的訊息，都應該知之甚詳、深入了解，才能在執行業務工作時全盤掌握、得心應手；業務部如此，財務部等其他單位當然也可依此類推，避免自我設限。

以下我們就來檢視一下，自己有沒有不小心養成「傳聲筒」的工作習慣：

- 當業務員接到產品經理的報價之後，你常常左手進、右手出地直接報給客戶？
- 將部屬意見或其他部門的相關文件，直接轉呈給上面主管，未曾深入了解，所以當上面主管想更進一步了解時，常常一問三不知？

● 對自己承辦或經手的工作細節，只是扮演著「負責發包」的工作，直接轉述主管的訊息給承包單位，針對承包單位所提出的規劃或草圖，也未事先消化就直接轉呈給主管？

專業的做法應該是：

● 業務員在接到產品經理的報價後，應該先自行斟酌價格再往上調整的幅度，然後再提供自己斟酌過的價格給客戶，進行報價或面對可能的議價協商。

● 所有經手轉呈給上面主管的建議或文件，都應該自己先行仔細審閱分析後，最好再加上自己的意見彙整成條理清晰的報告和建議方案，讓主管可以快速做出決策。至於原有來自部屬意見或其他部門的相關文件則可以附檔方式處理，才不會無法即時回應，不僅延宕工作進度，也會讓主管留下不好印象。

●當你的工作範圍需要與公司外部的人員合作時，你應該具有自己職務專業上的判斷，事先設想公司將來的發展與需要，再與公司外部人員溝通，在主管和承包單位之間扮演最佳的統籌角色。切記：預先對你的工作有所規劃與想法時，才能避免輕易受外部傳來的資訊所局限，陷入「先入為主」的弊病，以致無法在自己工作執掌中提出最佳化方案。

同樣地，如果你從未想過要花心思對自己管轄範圍內相關的作業細節，予以深入了解的話，請盡速改變自己的想法，因為這種觀念上的「自我設限」，會讓你無法在自己的工作範疇中成為「專業」，久而久之，就會使自己在團隊中成為可有可無的角色，自我設限了前途與未來。

哲學家尼采曾說：「全心投入工作的人，才是真正的強者。因為他們不管遇到任何事情，都不會猶疑、慌張、退縮、動搖、不安和怯懦。藉由工作鍛鍊心靈與人格，成為不凡的強者。」

無論任何職務和工作，你都應該深入了解自己工作範疇中所有的細節，甚至與自己相關單位的作業細節都能有所掌握，才能提出兼具深度、高度，並可執行的見解，讓大家對你產生信任與依賴。千萬不要讓自己在工作上自限於擔任一個「傳聲筒」的角色，務必要在自己負責或經手的工作範疇中，盡可能深入地去了解相關的訣竅、細節與過程，讓自己真正成為工作範疇中的專家，主動多做一點，深入地多想一點，以免不知不覺地也將自己的前途自我設限了。

別忘了，成就是屬於團隊的

最後要提醒大家的是：不管你是頂尖業務員，屢創佳績，或是創業老闆，一家企業的成功也絕不會是個人的功勞，而是團隊共同努力締造的結果。

我常看見有些業務員一拿到大訂單，或是達到業績標準後，便開始得意忘形地自認為這全是自己的能力和功勞，完全忘卻了背後需要有多少人共同支援，才能協助你達到客戶的要求，以至於能夠爭取到今天的風光。

如果，我們就單從一張訂單的成交來看的話，至少就必須要有下列十個關鍵因素配合，才有可能贏取客戶信任，進而達成目標：

一、公司累積的信譽。

二、供應商產品的可靠性和知名度。
三、公司庫存和放帳的資金配合。
四、工程部人員的幫忙。
五、內部助理的協助。
六、送貨人員的幫忙。
七、前人種樹的功勞。
八、供應商交貨期的配合。
九、主管的支持。
十、產品經理價格上的配合。

工作職場上，不管你的光芒再亮、升遷再快，都必須記得：個人的功勞只是一筆成功交易中的一個環節。當你可以想通這一點，你便會變得很謙虛，而且更能與團隊打成一片，不僅可以得到很好的人緣、助力，也可以在比較快樂的氛圍全心投入工作，一旦可以心無旁騖地在工作上磨練技能，享受成就感與熱愛自己的工作，便會發現尼采所說的，「你所擁有的力量絕對超乎自己的想像，能讓你飛得更遠、更高。不自我設限，你實現的理想會比想像中更高遠。」而這就是職場成功的祕訣。

主管充電站

一、別在管理上搞自閉

● 主管出缺，空降好？還是內升佳？

某部門單位主管出缺，單位中另三名成員目前經驗能力仍過於資淺，無法單挑大梁；但該單位主管的缺卻也一直懸在那兒。有次會議中，我問該部門主管：「這單位主管的缺已經懸空一段時日，為何還不補人？」

該部門主管回答：「我希望等下面的人長大，所以我想把這單位主管的缺保留給下面的人，等他一兩年後成長到可擔當時，就可以升任該單位主管職。」

這思維乍聽之下好像很有道理，其實是錯的。錯的原因主要有：

■阻礙同仁成長：缺乏有經驗的主管指導，不但讓同仁成長、學習減緩，做事比較不容易有效率與成就感，還可能耽誤原本可以掌握的商機。

■只要部門保持競爭力，舞台就會一直延展，有能力的同仁升遷就不會受阻：正常情況是，當該單位同仁成長到足以往上被拔擢時，現在外聘的單位主管也應該向上挑戰更大的舞台，根本不用擔心到時沒有空缺可以拔擢具有能力的同仁。

●鯰魚理論：活絡組織動能

我們常說，要常常保持開放的心，才能接受許多新事物、新觀點的刺激，透過這些刺激與比較、思考，也才能更進一步轉換成創新的動能，同樣地，組織也是如此，若能適度地引進外來高手或空降部隊，改變公司或部門固有的思維和作業習慣，在見賢思齊的影響下，往往能夠帶動良性競爭的環境，讓企業持續保持活力，充滿生機，這就是組織管理學上最常引用的挪威漁民用以「引進強者以激發團隊活力」的「鯰魚理論」。

二、讓組織和同仁勇於接受挑戰

●組織中必須永遠保持二〇％戰鬥力的彈性

組織調整時，即使是在人事暫時凍結的情況下，都必須要考慮到組織戰鬥力的問題，以保留開發新市場的彈性，不能只有守成。「守成」和「經營新市場或產品的開拓」同等重要，不可偏廢。

身為主管必須切記：無論怎麼困難都要設法將一〇％或二〇％的人力擠出來

開創未來，專注新市場開發；讓八〇%的人力承接現有業務，維繫現有客戶。同樣地，除了人力之外，各單位所負責的產品、產品線，甚至客戶等也應該要有同樣的觀念，隨時保持一〇%至二〇%具爆發潛力的培養型資源在手上，才能持續成長不墜。

● 勇於拔擢功力已達七〇%的同仁

建議各位主管：當你觀察到部屬的功力已達某個位階七〇%能力時，就應該勇於拔擢他們，放手讓他們發揮！人的潛力有時是必須被激發才能顯現，一旦你賦予他責任的時候，往往另外三〇%未被看到的能力會因為身歷其境，讓他可以快速吸收學習、成長，硬是有辦法克服困境，而在他所負責的新範疇中做得非常好。

● 提升組織效能是主管隨時隨地要關注的議題

身為主管最重要的使命就是：提升組織效能。然而，如何提升組織效能的思考與調整，絕非是一年一次或兩次的考核期才來審視或評估的議題，平常就應該隨時用心地去觀察部屬的專長、特性，隨時掌握身邊有哪些人可以拔擢，可以賦予更大的挑戰，特別是每次會議之後，主管都應該要多想一下，目前人力和組織功能之間還有更好的組合嗎？所以說，主管開完會後必須做很多課業，其中，最重要的事情是人事方面的調整。透過調動、改變職務功能、目標或成立專案小組等方式即時因應現況，盡可能提升組織效能和讓其功能極大化，才是讓組織持續成長的關鍵。

第三章

把自己當CEO

《多就是不一樣》（*More Means Different*）一書的作者克里斯多夫．波爾（Christopher Ball）曾強調：「現有的系統創造出現有的結果，想要不一樣的結果，系統就必須有所改變。」

系統如此，我們的觀念和思維更是如此，所謂「失之毫釐，差之千里」，往往一念之間的不同就會讓事情如刀刃與刀背般，也將呈現出截然不同的結果。所以說，要開發出自己的潛在職能，最好的方式就是將自己當作是這家公司的老闆，也就是做自己職務上的CEO。一旦你必須完全為自己公司的成敗負起完全的責任時，你將會赫然發現：許多工作執行方法和決策都不一樣了。

不想當將軍的士兵，不是好士兵

一七九二年法國大革命爆發，法王路易十六被送上斷頭台，歐洲各封建王國人人自危，生怕自己國家的人民也有樣學樣，所以組成「反法聯盟軍」，發誓要撲滅這股推翻帝制的火焰。七月，英國與西班牙艦隊搶先駛入法國的土倫港，到九月底，「反法聯盟軍」已經有一萬四千人進駐，法國新生的共和政權也不甘示弱，頒布全國緊急動員令，一場著名的圍攻戰就此展開。

當時任職炮兵上尉的拿破崙，剛好奉命調派到某個海防部隊，經過土倫港時，馬上有認識他的朋友向指揮官大力推薦，認為這場戰事一定會需要用到拿破崙的軍事長才，非把他留下不可，指揮官同意了。但他接見拿破崙的時候卻傲慢地對他說：「其實我根本不需要你的幫助，不過我歡迎你來分享我的榮耀。」

拿破崙到了部隊後，發現這裡的炮兵形同虛設，火炮與彈藥都不足，士兵也都沒有接受過專業的訓練，他向指揮官報告，沒想到這指揮官連火炮射程有多遠都一無所知，對拿破崙的建議毫不在意。拿破崙心想這可不行，馬上著手搜集火炮與彈藥，接著還派人到各地徵調一切可用的軍事資源，並在附近建立了一座有八十名工人的兵工廠，還在馬賽安排生產了幾萬個供修築炮壘用的柳條筐。同時，拿破崙還仔細視察了戰地，擬定了攻陷土倫港的計畫。

看著拿破崙孜孜不倦的付出，軍中朋友都勸他：「拿破崙，你做了這麼多事，指揮官也不會感謝你，而且你年紀輕輕，指揮官一定不會採用你的進攻方案。」

拿破崙對朋友說：「你說的我都知道，但這是場關係著我們法國人民是否能當家作主的重要戰役，我怎麼可以因為這些事不是我職務內的責任，就放任不管呢？這指揮官如此無能，你看著吧，他不可能一直安坐在這個位子上，當機會來臨時，我一定要做好準備！」

果不其然，不久後無能的指揮官被解除了職位，新任的指揮官對於拿破崙大膽、新穎的作戰計畫驚嘆不已，立刻批准拿破崙負責圍攻土倫港的進攻計畫。拿破崙也不負眾望，在激烈的戰役後，收復了土倫港。

這捷報立即傳遍了整個法國，許多人不肯相信土倫這個被看作無法攻克的堡壘，竟會陷在一個初出茅廬、沒沒無聞的小軍官之手。這意外的勝利格外激動人心，拿破崙也因這次戰役由一個小軍官一躍成為眾人矚目的風雲人物。

勇於任事，把自己當指揮官

拿破崙曾經說過：「不想當將軍的士兵，不是好士兵。」

雖然拿破崙一到土倫，就受到指揮官的輕視，任何上呈指揮官的建議也都不被重視，但是拿破崙並沒有因此懈怠，或者認為自己已盡了告知的責任，剩下來都是指揮官的事。他仍然是極盡所能地安排戰備工作，站在「如何打贏這場戰爭」的指揮官高度上，持續進行思考與準備。

請問你在工作中是否也有一樣的精神，站在公司經營者的角度，思考自己在工作中還能做什麼更積極的發揮嗎？

從「自我提升兩階級」開始學習解讀老闆

但是，實際在工作職場中又應該怎麼做呢？畢竟，以新手業務員或低階幹部來看，要一下子將自己視為老闆的想法，或許與實際距離相差太大了，不但無法想像老闆的工作內容，更無從捉摸老闆的角色，當然也就無法立刻用老闆的視野與思維來看待每件事情，但是對於高自己兩階級主管的執掌，應該就不至於太過陌生而無從想像。所以，我們不妨從「自我提升兩階級」開始訓練如何將自己當老闆。以下我們就來練習一下。

思想練習一：練習提升兩階級的思考模式

處理任何事情時，都試著讓自己站在往上兩個階級的主管立場進行考量、判斷。比如說，自己是副理的話，便想像如果自己是協理會如何處理該事情；自己是經理的話，便想像如果自己是副總經理會如何處理這些事情……，以此類推，你會發覺很多事情的處理手法將會因為這思維上的微妙轉換，開始有所不同，你也會發覺因為廣度和高度的易位而處，自己的抱怨似乎也減少了，甚至，會開始感受到自己的思想逐漸往前晉級了，事實上，此時離晉級也不遠了！

能力練習二：讓自己具備往上兩階級的必備條件

與其羨慕別人的階級比你高，不如轉身積極充實自己向上兩階級的必備條件，諸如語言文字的溝通能力、簡報能力、企劃能力、分析能力、財務能力等，平常就應該趕快利用時間抓緊機會練習，一旦機會到來，你又具備晉級能力時，主管自然會提拔你，只要公司還在不斷地成長，你就不需要擔心公司升遷管道會受限，更何況，在整個職涯發展的舞台上，對人才的需求也總是求才若渴。

機會是留給有遠見，而且準備好的人

有人曾經問李嘉誠：「請問你跟街頭的乞丐有何不同呢？」

李嘉誠回答說：「乞丐只想著他的下一頓飯在哪裡，而我想的是我這生的最後一頓飯在哪裡?」可見身為成功企業的經營者,眼光一定要長遠,一旦眼光遠大,你就會有目標,知道自己該往哪走,也會知道自己應該在一名小士兵時,除了讓自己的工作做到位之外,還要額外孜孜不倦地鑽研、擬定精良的作戰計畫,換言之,你若總是將自己定位為一個打工仔,那你將會被自己的觀念囿限為一個低階的打工仔,永遠也無法成為可變身為大將軍的小士兵。

請問你在平時工作中,是否已經充實自己各方面的知識,累積足夠的人脈與經驗,做好晉升更高階主管的準備了呢?

「把自己當作老闆」的觀念

有個老人在河邊釣魚,一個小孩走過去看他釣魚,老人技巧純熟,沒多久就釣上了滿簍的魚，老人見小孩很可愛，要把整簍的魚送給他，小孩搖搖頭，老人好奇地問小孩：「你不喜歡魚嗎？為何不要呢？」

小孩說：「我想要你手中的釣竿。」

老人更好奇了，接著問他：「你要釣竿做什麼？」

小孩說：「這簍魚沒多久就會吃完，要是我有釣竿的話，我就可以自己釣，一輩子也吃不完。」你一定會想：多聰明的小孩啊！但是再仔細想想：小孩如果只有釣竿，卻不懂得釣魚的技巧，那麼，他還是吃不到魚。

在工作職場上，很多人也誤以為自己只要有了頭銜，做了主管或是老闆，事業就可邁向成功，事實上卻不然，因為釣魚重要的不在釣竿，而在釣技。如同城邦媒體集團首席執行長何飛鵬先生在其暢銷書《自慢》中所強調的：「一個人擁有正確的觀念與態度，不見得能立即成功；但是如果缺乏正確的觀念與態度，就算一時幸運，終究還是會打回原形，難逃失敗。」

以下就和各位分享一些足以讓自己建立ＣＥＯ高度的釣技，請大家開始試著以「如果我是老闆，該如何處置？」的立場為出發點考量問題，你會發現你的決策與作為將會完全不同。

一、不計付出：累積的經驗、人脈、技能最終還是屬於自己的

業務員常會受到周遭人員影響，總是覺得工作比人家認真是吃虧的，看到其他同儕之間有些人慢條斯理，甚或懶懶散散，也照樣過得很愉快，不禁有樣學樣。其實這種觀念才是阻礙一個人成長的關鍵因素，從某種意義上來說，這種心態不僅淡化了人的責任感，扼殺了自己的企圖心和創新思維，久而久之，看問題的視角也因為缺乏長遠規劃而愈來愈悲觀，也將是數年後促使自己怨天尤人的肇因。

所以，你應該要將目光放到另一群人身上，更進一步去深思：為什麼有些同仁能把「吃苦當吃補」？為什麼他們從來不會去斤斤計較自己現在的「所得」是不是大於「付出」？原因就在於他們具備了「把自己當老闆」的觀念，而且他們深知：在這段將自己視為老闆的努力過程中，所有累積的經驗、人脈關係及處事技能都會是屬於自己的，是別人拿不走的珍貴資源，更是未來進階的不二法門。

二、養成「當老闆」的習慣：從觀念上改變，深入影響自己的行動及思維

凡事都能以「假設我是老闆」的觀點出發去看待時，你就會「把問題當作是自己的問題」。那麼，你勢必就會跳脫一般「打工仔」（Salary Man）得過且過的心態，因為你必須對「自己」這家企業的時間、人生價值和前途負責，而不只是對現有工作交代，進而朝更積極、正面的方向思考，勇於面對問題，於是，在工作上的具體表現就

是：行動積極、有計畫、高效率。如此一來，則同時滿足了「自己」這家企業和提供現有職務這家企業的雙邊目標與期許。

更重要的是：一旦你的觀念轉變，甚至養成一種習慣時，它所能帶來的邊際效應將會促使你締造出傲人的成果，而且在這種自我引導的良性循環下，也會使你迅速累積比其他人更多的資源，並在競爭激烈的環境下依然能鶴立雞群。

三、職場相對論：當你定位自己為老闆，老闆也會將你視為股東（合夥人）

一位業務員如果能夠將自己定位為老闆，那麼他所表現的決策成熟度就會比一般人高、能力比一般人強、貢獻度也會比一般人更多。試想，公司面對這樣的人才會不珍惜嗎？老闆當然樂於將你定位為股東之一，分享共創的成果。

當大多數的業務員都能將自己定位為老闆時，那麼，公司整體績效至少可以發揮出一二〇%至一三〇%的效益，換句話說，公司也將會因此多產生二〇%至三〇%邊際效果的盈餘，在這種情況下，老闆絕對樂於將這多出來的盈餘分配出去，因為這部分是員工自己發揮高度效益所多賺到的，並非從老闆口袋掏出來的。

四、地球是圓的：「當一天和尚，敲一天鐘」，眼光要放遠，多為未來留一步

有些同仁離職的時候，心裡會想自己都已經要離開公司了，做得再多也是下個月走人，做得少也是下個月走人，薪水也不會比較多，真是為誰辛苦為誰忙！因此會有一種「擺爛」的心態。

可是如果今天你是這家公司的老闆，當某位業務人員要在三十天後離職時，試想：你的希望是什麼？身為「老闆」的你不外乎是希望他：

- 離職前一切工作正常，不怠惰。
- 全心全力地將業務完整移交給代理者或承接者。
- 詳細地將未結案件，以書面交代清楚。
- 離職時，不帶走或破壞公司文件。
- 離職後，短時間內，若是有必要，願意協助一些他人暫時還無法立即接手的個案。

因此，身為一位成熟的業務員，必須時時刻刻用「我是老闆」的觀念和態度去衡量自己的行為，即使離開現在的公司，也要留下正面評價，為你下一個工作鋪設平坦大道。切記：眼光要放遠，不要貪圖眼前的方便或小利而毀了自己的名聲，業界很小，資訊流通又迅速，多盡一份心力，將來一定會回饋到自己的身上。

五、加減乘除綜觀全盤的格局：老闆要會算有形的帳，也要會算無形的帳

許多人，特別是業務同仁，通常都會用一種很簡單的公式（業績－薪資－獎金－產品成本＝獲利），去計算自己幫公司賺了多少錢，完全不去考慮周邊配合的資源經費，例如水電、房租、利息、風險、庫存呆料、間接人員費用、交際費、稅金、福利金、退休金、MIS費用、設備費用……，以及其他雜費等，當然更遑論去考慮到為了讓公司持續成長壯大，賺錢的部門還需要去承擔「培養尚在虧本的小雞們」的經費。

也因此，很多人便衝動地自行創業之後，才發現原來當老闆還需要很會算帳，不能只會算一種帳，凡事都要通盤考量、加減乘除之後，才能做出最適合的決策。所以，如果今天你能夠在思考每件事時，不論是下訂單、談價格、出差、交際、休假、

拜訪客戶、對公司政策之配合等，都能夠站在「假設我是老闆」的立場去看、去想，那麼，你的決策與思維便會完全不同。

案例：「把自己當作老闆」，讓菜鳥業務員勇不可當

菜鳥業務員A君剛入職場不久，就接手負責處理客戶B的應收帳款。原先是因為有筆二十多萬的貨出現品質爭議，導致客戶不願意驗收，所以連帶將前三個月期間整個三十多萬的貨款都壓著不肯付，經過一個多月的奔波，品質問題順利獲得解決之後，客戶B還是不肯付款，堅持要退貨，甚至在退貨之後，還是壓著其他十萬左右的貨款遲遲不付。換句話說，整件事已經從品質問題轉變成客戶的「刁難」問題了！

這時，A君發揮了極度的耐性以及將所有細節數據都記得清清楚楚的策略，不斷和客戶B協調，幾經斡旋之後，客戶B終於約他在某個星期三前去取款。A君心中真的非常高興，膠著許久的問題終於在自己的努力下有了轉機。

星期三當天，A君正歡歡喜喜、準備出門之際，客戶B突然打來一通電話，叫A君不要去了，深受打擊的A君既沮喪又氣憤，一時之間，不知道怎麼是好。

就在千頭萬緒之際，A君突然想起週會上曾經分享過的課程，董事長建議大家：應該用「把自己當老闆」的思維去考慮這些問題。於是A君冷靜下來，開始在心中盤算著：「換位思考一下，如果我是老闆，這筆款項是自己的話，我會怎麼做？」

當這麼一想之後，一切事情突然豁然開朗起來，A君立刻有了答案，他告訴自己：「假如現在接到電話我就不去的話，後續可能會拖更長時間，又要花更多心力去處理同樣的事情。」他立刻決定還是照原計畫，出門趕往客戶B公司收款。因為既然客戶已經有過付款的念頭，我就應該趕緊抓著，先去了再說。

不過，光有行動蠻幹也是不行的，還必須有策略，所以在前往客戶B的路程上，A君還是絞盡腦汁一直思考可能的解決方式，最後想到四種可能解決問題的途徑：

一、找客戶B採購的直屬主管。

二、找客戶B的公司審計處（監管部門）主管。

三、找朋友、同行（和客戶B有交易往來的供應商），想透過他們的人脈關係去找客戶B中認識的財務人員。

四、找客戶B的一位門員（負責辦公室打雜的人員）試試。

結果，這位客戶B採購的直屬主管不肯見A君，因為他當時也正和採購在一塊兒。客戶B的公司審計處（監管部門）主管也不願意幫忙。連第三條找朋友、同行人脈的這條路也行不通。最後，到了下午三、四點左右，眼看快下班了，A君決定採用最後一個方案：找客戶B的一位門員試試。不料，這位門員正好和財務部的出納很熟，他被A君誠懇的態度打動，於是告訴A君說：「出納外出中，要到XX點才會回來，到時你可以打這個電話找他。」

A君喜出望外地又燃起一絲希望，耐心等到出納回來後，再把整件事情的前後緣由向那位出納哭訴一遍，沒想到也打動了他，從抽屜中將支票拿給了A君。

原來，客戶當天已經把支票都準備好了，只是採購個人臨時又出狀況球拋給了A君，A君也很慶幸他當天沒有輕言放棄，才能接住客戶拋來的狀況球，讓整件事峰迴路轉順利解決，也通過了業務終極訓練課程「收帳實務篇」的考驗，從只會賣東西的徒弟，跳階到也會收帳的師傅層級。

就這樣，這筆延宕許久的呆帳竟然被菜鳥A君收回來了，部門主管都很訝異，也很讚賞，A君也因為這事件的磨練和嘗試，工作能力變強了，對自己的未來信心滿滿。他表示：還好當時想到了董事長的話「把自己當老闆」，真的，一旦把自己當老闆，什麼困難都不那麼畏懼了，思慮也瞬間變得清晰、果斷了，而且，最後是透過門員突破困境，也讓我感受很深，在職場上真的是人人都可能影響你的結果，也都有可能是你的貴人，無關乎頭銜、職務。

因此，做任何事情前不妨都試著想「如果我是老闆，該如何處置？」其所做出來的決策便八九不離十了。一旦觀念轉變，凡事以「把自己當老闆」的立場去思考時，你將會赫然發現：在必須負起完全責任的前提之下，許多工作的執行方法和決策都會與以往有所不同，而其所能帶來的邊際效應，也將會促使你締造出傲人的成果。

一念之間，潛能的發揮從三○%到一四○%

你的工作思維將決定你的職場命運，如果你把自己當打工仔，伯樂將永遠不會在你身旁駐足。工作職場上，我常會看到許多人因為觀念和意願的差異，其所發揮出來的潛能級距也有極大的落差，幾乎可以從三○%到一四○%之間不等，所以說，要開發出自己的潛在資質，最好的方式就是將自己當作是一家公司的老闆，也就是做自己職務上的CEO，當你開始這樣看待自己、要求自己後，你也將會開始不得不佩服自己，驚訝於你在這過程中不斷激發出來的能力與潛能特質。

以下就讓我們看看在工作上，抱持不同觀念，其潛能發揮的差異。

得過且過的人：潛能的發揮只有三〇％至七〇％

這類型的工作人，每天上班最主要的目的是「領薪水」。對於現在的工作，不想付出太多，對於未來的發展，也沒有什麼企圖心，值得注意的是，這類型的人通常對於自己的人生也沒有太多規劃和想法，凡事可拖就拖，得過且過。

如果剛踏入社會就懷抱這種心態工作的人，其工作經驗通常無法轉換為專業知識，能力當然也不會隨著工作年資而呈等比成長，幾年下來，和同期同事之間的收入與職位勢必會愈行愈遠，漸漸呈現出明顯的差距，於是，開始心生不平，成天搞小團體抱怨公司及主管不公平，例如：在背後說某同事愛表現、拍馬屁所以才會受賞識等，破壞和諧氣氛，殊不知「現在的種種正是過去的零存整付」，是因為自己數年前在觀念態度上的抉擇，才造成今日的差距。

通常，這類型的工作人約占公司全體員工的一〇%至二〇%，也常是主管心目中必須要強力輔導的對象。

潔身自愛的人：潛能的發揮將達八〇%至一〇〇%

這類型的工作人，通常會對本身的工作職責、公司規章及制度知之甚詳，並依此範圍規範自己，公司賦予什麼職位，就忠於職責盡到該負的義務，平常準時上下班，凡事不偷懶，但也不踰越，達到業績標準往往就會鬆懈下來，平時不太熱心參與其他事務，雖然工作愉快，卻也獨善其身。

懷抱這種獨善其身觀念和態度的工作者，在經驗和能力上會隨著資歷成正比累積，通常也可以了解或勝任較自己高一階主管的工作範疇，但也因為較少參與其他事務，在主管心目中雖然屬於「滿意」的一群，然而遇有重要任務或更具挑戰機會時，並不一定能勝出，因為大部分的主管在培養左右手或接班人時，多數會依照團隊中所有部屬的個性、專長、具體貢獻、可塑性等綜合指數，挑選其中適合者予以長期培養，換言之，那些比較會被挑選在主管口袋名單者，也將會成為公司未來發展的中堅幹部。

為什麼在職務上如此盡責，還很難受到主管青睞？

主要關鍵在於：整體來看，這類獨善其身型的工作人在公司中約占有六〇%至七〇%，大家都兢兢業業，對工作也有一定的投入意願，值此之際，想要讓自己在職場上勝出，和眾多競爭者拉開差距、提升能力的最主要關鍵，並不是你擁有什麼樣的技能或證照，也不只是你多努力工作，而是在於觀念上的突破。

如果你可以及早將「把自己當作老闆」的觀念植入工作準則之中，那麼，你會發現：一旦觀念轉變，再加上身體力行，就能很輕易地提升自己許多過往沒有機會展現的潛能和成果，許多事情自然也會水到渠成。

發揮極致的人：潛能的發揮甚至可以高達到一四〇％

通常這類型的工作人，都具有高度的工作熱誠，勇於接受挑戰，熱心幫助同事，而且不會刻意期盼他人回饋，從日常工作上，可以觀察到他們具體的表現有：

- 對高於一階以上主管的工作，有高度的好奇心及參與欲望，只要有機會就會主動爭取參與，也非常樂於接受付託。
- 往往會養成「今日事今日畢」的良好習慣，不會受限於下班時間，將事情拖延到明天或是另一個明天。

- 不嫉妒同事的成就，相反地，只要認為對同事有幫助的事，往往還會主動提供協助。
- 只要有空，總不忘多拜訪幾家客戶、多打幾通電話、多發幾封電子郵件，也常會把握機會多找產品經理或主管交換資訊、多參加一些對自己有幫助的研討會或其他部門會議等，對於任何可以增進、累積自己專業的機會，總是積極以赴。
- 樂於和他人分享自己搜集的資訊，有時還會主動舉辦研討會議等，邀請相關人員參加。
- 與客戶協議價格，絕對不會僅憑電腦上的定價便輕易答應，而是會依照市場供需及客戶狀況，通盤考量後為公司爭取到最佳的條件，既不損及公司與客戶的關係，而且還能為自己帶來節節高升的業績。切記：只要多爭取一％的售價，便會相對影響淨利三〇%至五〇%，對公司的貢獻可說相當大。

- 對公司規章、制度、作業流程等有改善意見時，樂於坦然提出，而不是只在私下批評。
- 景氣好的時候，一般都會面臨缺貨狀態，此時，也樂於配合產品經理將有限貨源做最佳策略運用，而非只顧自己業績。
- 當景氣不佳時，一般都還有許多庫存，也會主動協助產品經理將庫存快速移動，避免產生重大損失。
- 本業不佳時，除設法在本業中尋求突破外，還會積極尋求副業收入。

以上所舉出的具體表現，其實都只是一部分而已，整體來看，舉凡能夠將自我潛能從一〇〇%向上發揮到一四〇%極致的人，通常都是因為具有把自己當作老闆的觀念，所以只要是對同事、團體和公司有益的事情，不論是否是他們的職責所在，他們都會樂於去多做一點，所以這類型同仁在知識、經驗、技能以及人際關係上所累積的實力，通常都會比同輩高出許多，這也就是為何他們總能在職場上勝出的原因，因為他們透過各個方面盡可能延伸其工作範圍，充分掌握職場資源，並透過工作的實際歷練將其潛能發揮到一〇〇％以上，甚至一四〇％。

開啟水平式思考，培養CEO的實力

深山古剎中，傳來幽遠的鐘聲，小沙彌悟淨非常認真地在掃地。

掃到中庭的大樹下時，悟淨不覺深深仰頭嘆了一口氣說：「樹大哥，你到底是什麼樹？怎麼這麼會掉葉子？」

原來，小沙彌悟淨才剛掃過樹下的落葉，但是才不一會兒工夫，樹下又掉滿了落葉，日復一日，無論悟淨再怎麼努力，中庭的大樹下總是落葉滿地，掃不乾淨。

不過，他總認為這是自然現象，所以也從未曾深入思考、探究原因：「為什麼這棵樹會比其他樹更容易掉葉子？是樹種的關係還是另有原因？」

小沙彌悟淨只是埋頭每天拚命地掃落葉。

有天，中庭大樹終於忍不住痛苦地大吼一聲：「笨悟淨！我已經被蟲蛀了，才會落葉量特別大，你不覺得奇怪嗎？怎麼不對問題追根究柢？」

大樹告訴小沙彌：「你應該先幫我治蟲，把蛀蟲處理掉之後，葉子就不會再落得如此離譜，你也不用每天耗費大量時間不斷地來回幫我掃落葉了。」

小沙彌悟淨聽到這番話，摸摸發亮的腦袋，恍然大悟地說：「啊！原來如此。難怪一直治標而不能治本。」

這是我平日最常用來提醒同仁的「掃落葉」故事，故事中的小沙彌悟淨，雖然對中庭大樹的大量落葉覺得有些疑惑，卻從未深入思考、探究問題真正的原因，以至於長久以來，他雖然每天都很認真地「針對問題、處理問題」，但是「治標不治本的做法」卻讓問題從未完全獲得解決，所以每天為了解決「落葉」的問題，總是重複再重複地做著一樣的事情（掃落葉）。

如果這是發生在農業時代或是你手頭上只有一件工作的話，或許還可以應付得過來，但是在數位競爭時代的今天，這幾乎是不可能的事，每個人、每個單位都必須具備多工的能耐，才能因應外在環境的遽變與角色多元性的挑戰。

因此，從這則故事反映到你的工作時，你不妨問問自己：當你發現同樣的問題一而再、再而三地不斷發生時，你是否會想到：過去的解決方案可能只是頭痛醫頭，腳痛醫腳，並未真正找到問題癥結對症下藥，才會一直無法改善體質，讓績效彰顯出來？就像小沙彌悟淨一般，只是任勞任怨地不斷掃落葉？

事實上，讓問題產生的真正原因往往只有一個，弄錯原因，解決方案的對策絕對不可能見效，因此學會如何「追根究柢，避免重工」也是工作職場上很重要的思維和技巧。

基本水平思考法vs.多元水平思考法

過去，大家都會用水平思考法來面對問題瓶頸或是發想新創意，但是，在企業界，我們常常更需要的是：除了解決眼前問題之外，如何還能夠從現在想到未來的防範之道，設法讓問題不再犯，甚至因而轉化成組織或工作上不斷進步的活水，以強化個人及整個團隊的競爭體質。於是，我將解決問題的思考模式分為三種：垂直思考、基本水平思考、多元水平思考；依據思考邏輯模式與影響層面的不同，三者之間的差異說明如下。

一、垂直思考法

直接從事件（問題或現象）本身尋找解決方案，所以常會依據已知的理論、知識和經驗，逐步往前推進、直線式深入的邏輯推演模式。

二、基本水平思考法

從事件（問題或現象）周邊相關的元素尋求替代方案，鼓勵以跳躍方式來探索、組合各種不同構想的可能性。

三、多元水平思考法

主要有下列三個聯想方向：

- 跳脫事件（問題或現象），從源頭（事情／本質）找出讓問題發生的真正癥結，並尋求機制、制度等方案予以根治。
- 連帶效應：因此事件可能導致的一連串反應或影響。
- 受這事件啟發，讓你聯想到其他類似或看似不甚相干的問題、事情。

圖3-1　三種邏輯思考法

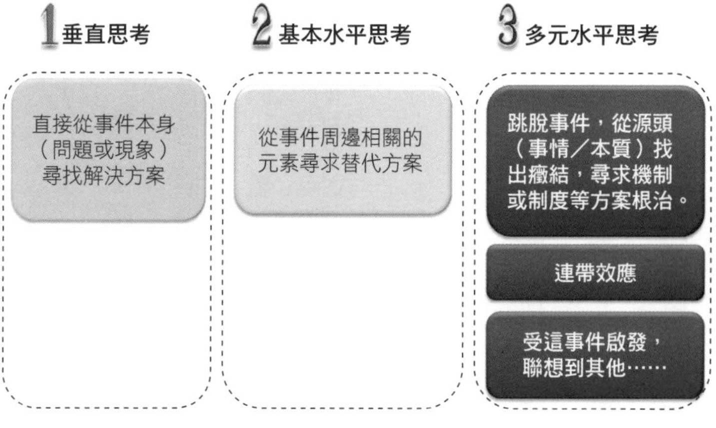

運用「基本水平思考法」敲開業務員六大困局

一般業務員常遇到的問題不外乎是：價格、交貨、品質、額度、產品、人。這六大項問題看似簡單，但在實際執行時，有時卻不是見招就能直接拆招過關的，因為多數時候，這些問題元素彼此相關、交互影響，以致發生問題時，很難直接從事件（問題或現象）上單一看待或思考，也因此，過去或許賴以成功的經驗法則，在某些狀況下，也很難百分之百適用於解決所有的問題。

這時候，就必須盡量擺脫自己習慣的觀念或看事情的框框限制，也就是運用「基本水平思考法」設法聯想出特點與目前問題點相似、相關的事物，盡其所能地從相關性發掘出新的角度，以找出更多新的觀點、提出更多可能的選項，重新調整雙方的需求共識，直至解決問題。

一、價格困局

當價格無法達成協議時，你除了可以從「垂直思考」的角度：盡可能向產品經理爭取更多的價格彈性空間，並在可讓的價格空間裡，盡量遊說客戶接受以外，也可以試著運用「基本水平思考法」，從下列三方面試著找出更多可行方案：

時間考量：

- 可否在付款期限上調整差異？延長付款期限給客戶，或請客戶開遠期信用狀（Usance L/C）。
- 可否在交期上妥協？請客戶接受下一批來貨（因價格上有差異），或接受分批交貨（Partial shipment）。

調整數量：

- 有沒有其他產品可以搭配，採取整批交易（Package deal）的可能性？
- 在保持關係的前提之下，可否在數量上妥協？例如：只拿二〇%至四〇%的訂單數量（Share %）。
- 可否增加數量？給較長期的訂單，以便與供應商再協商。

修正或取代規格：

- 可否在規格上做修正？以另一種規格取而代之，因為某些參數（Parameter）在某些客戶的用途上，不是那麼重要。
- 可否以其他廠牌同等規格取代？不過切記：某些部分需跳出採購範圍時，應該先與研發人員討論。

● 當價格成為不可讓步的關鍵時，可否以樣品或備用零件（Spare parts）方式處理？即價格不變，但以附送的樣品或備用零件方式抵消多餘的價金。

二、交貨困局

當交貨問題無法達成協議時，你除了可以從「垂直思考」的角度：盡可能請產品經理協同，在原

圖3-2　價格困局：當客戶在價格上不願妥協時

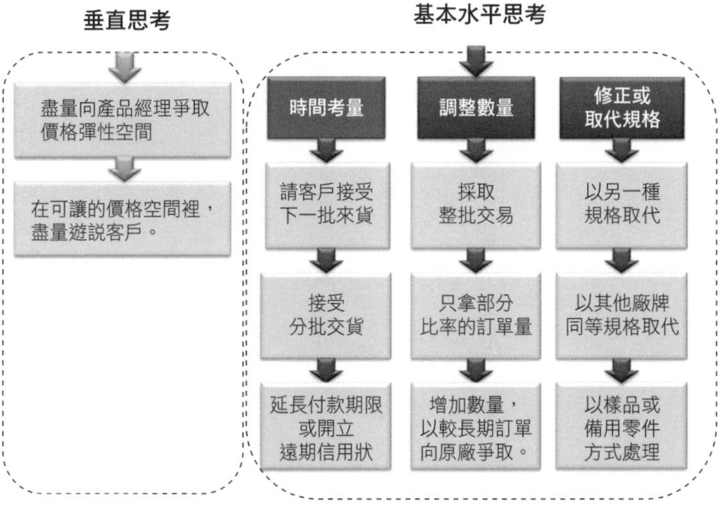

廠端和客戶端之間取得可接受的交期之外，也可以試著運用「基本水平思考法」，從下列三方面找出更多可行方案：

計算時間：

客戶往往只有一個交期，但這並非是真正需求的使用量。如果可以更詳細地估算出客戶每個週末（或每日）的真正使用量，則可考慮以分批交貨方式處理。

調整價格：

前幾批交期無法吻合的部分，是否可以請客戶接受稍高價格，以增加從他處調貨的可能性。

調整規格或供應廠商：

- 詢問客戶可否接受不同規格（Relaxed spec）的產品。
- 可否接受不同廠牌同規格產品。
- 可否接受前幾批由其他廠商交貨。

三、品質規格困局

當品質規格無法達到協議時，你除了可以從「垂直思考」的角度請應用工程師或供應商配合客戶排除問題之外，還可以運用「基本水平思考法」從下列兩方面來

圖3-3　交貨困局：當客戶在交期上不願妥協時

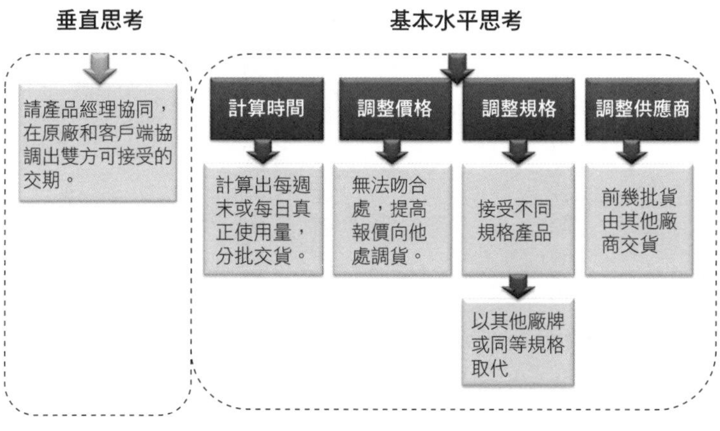

尋求解決：

以成交價格考量：

- 當規格無法吻合客戶需求時，可否以稍低價格切入？
- 思考是真的品質問題致使客戶產品不能用，還是有可能是客戶的殺價策略？
- 當客戶因品質問題要求賠償時，可否於往後的訂單攤提。（若客戶同意的話，此舉不但解決了眼前的賠償問題，同時也增加了長期的訂單。）

調整現有規格：

- 可否在現有的產品中做特別的分類檢測，比如：請客戶自己分類檢測、幫客戶分類檢測或是請原廠進行分類檢測，以吻合客戶需求。

- 跳出採購範圍，與客戶的產品開發人員深入研討，了解客戶需求產品的真正規格為何。

四、額度困局

當額度已達到飽和時，除了可以從「垂直思考」的角度直接請客戶提出可擴大佐證的財報資料以增加額度，或是了解客戶真正營運、財務狀況，爭取臨時額度之外，你

圖3-4　品質困局：當客戶在品質上不願妥協時

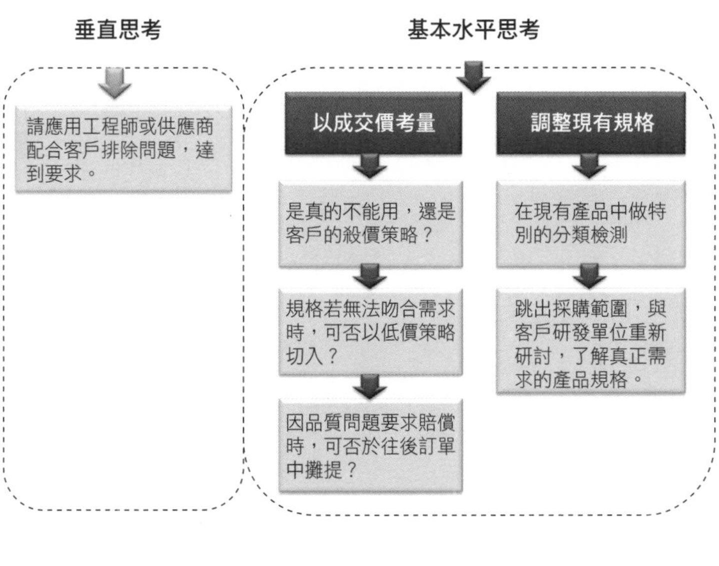
垂直思考
請應用工程師或供應商配合客戶排除問題，達到要求。
基本水平思考
以成交價考量
是真的不能用，還是客戶的殺價策略？
規格若無法吻合需求時，可否以低價策略切入？
因品質問題要求賠償時，可否於往後訂單中攤提？
調整現有規格
在現有產品中做特別的分類檢測
跳出採購範圍，與客戶研發單位重新研討，了解真正需求的產品規格。

還可以發揮「基本水平思考法」從下列兩方面著手找出變通方案：

調整付款方式：

- 可否請客戶改開信用狀或改採貨到付款模式？
- 可否請客戶先付清未到期的應收帳款，以釋出額度？

調整交貨方式：

- 可否採分批交貨模式以降低風險？
- 可否先挑選特殊品項交貨（避免變成死貨、形同倒帳）？
- 可否等某些票期兌現後再交貨？
- 庫存品（或預定貨）是否可以賣給其他廠商？

五、產品困局

如上所述，與客戶溝通時，在「價格」、「交貨」與「品質規格」上，都有其彈性與轉換的空間。但是只要其中有數項沒有交集，產品便切不進去，無論再怎樣溝通也無法談攏；或是說，某一廠牌的單項物件怎樣談都有問題的時候，你該怎麼辦呢？這就是表示你已經陷入產品的困局，正因為所談的產品不

圖3-5　額度困局：當額度已達飽和時

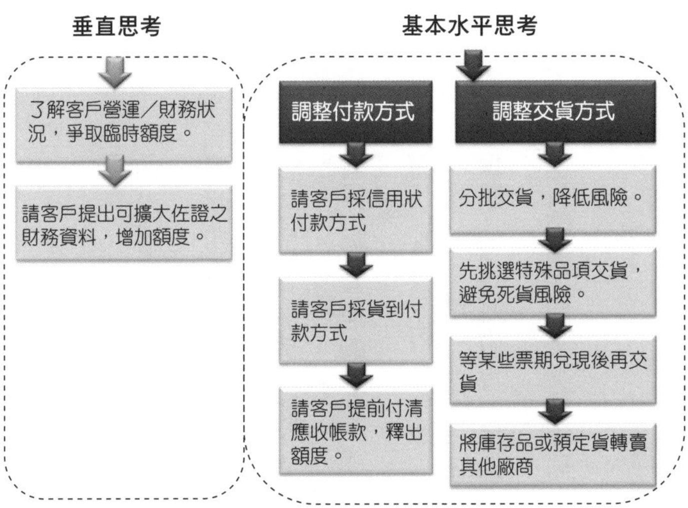
垂直思考
了解客戶營運／財務狀況，爭取臨時額度。
請客戶提出可擴大佐證之財務資料，增加額度。
基本水平思考
調整付款方式
請客戶採信用狀付款方式
請客戶採貨到付款方式
請客戶提前付清應收帳款，釋出額度。
調整交貨方式
分批交貨，降低風險。
先挑選特殊品項交貨，避免死貨風險。
等某些票期兌現後再交貨
將庫存品或預定貨轉賣其他廠商

對，所以才切不進去，此時不妨跳出去：

換一個新的品項來談！

這也是基本水平思考法中一個很重要的思維方法：一百八十度逆向思考。畢竟，你已經花了很長的時間，才能打通關節，爭取和客戶端負責採購者溝通，萬一，在現有架構下怎麼談都談不攏的話，你何不乾脆丟開前面的東西，跳開現有的問題，直接切一個新品項來談，也就是跳到一個全新的領域，試著看看是否有其他的機會，切勿固守在原地打轉。又比如說，當對方無法接受你的價格，而且出價實在沒有行情（遠低於你的成本價）時，你或許可考慮反過來委託對方幫忙採購，這種跳脫現有框架一百八十度逆向思考的提案，往往會讓對方很難招架，進而重新審視問題，突破困局。

六、人的困局

當你與某個對象無法達成協議時，除了繼續用心耕耘，慢慢培養起和他的情誼之外，也可以運用「基本水平思考法」試著往下列方向思考：

- 找其他對象談：從他的主管、屬下或周邊人員著手，以旁敲側擊的方式找出癥結，但必須留意與對方接觸、請益的方式，以免得罪對方。

圖3-6　產品困局：某廠牌單項產品怎麼談都有問題時

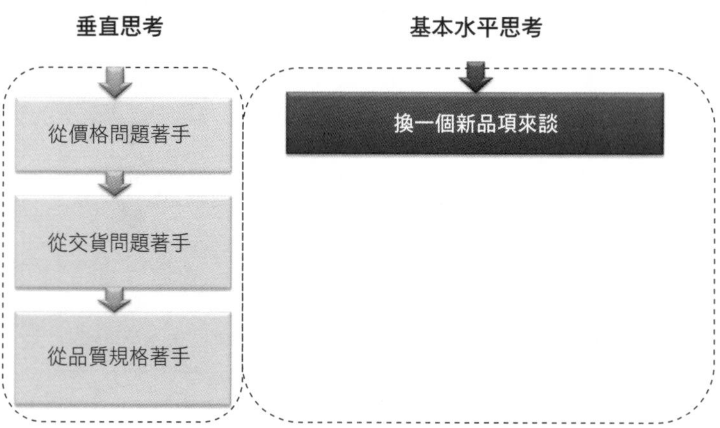

- 換個人去談：請你的主管或助理去談談看，就可能找到不同的答案。

運用「多元水平思考法」追根究柢，防患未然

如前所說，基本水平思考除了可以幫助創意發想之外，也可以協助我們突破瓶頸，解決眼前問題，但是從經營與管理效率來看，企業在「治標」之外，還同

圖3-7　人的困局：總是與單一對象無法達成協議時

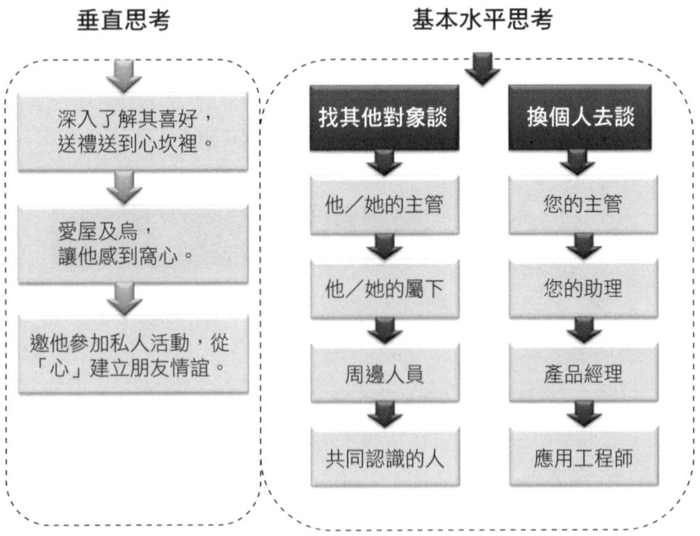

時希望能更進一步「治本」，設法讓問題不再犯。

這也是「多元水平思考法」的重點：希望大家在面對一件事情時，除了解決眼前問題之外，能夠更著重於探究問題發生的根本原因在哪裡？漏洞、迷思在哪裡？經過抽絲剝繭之後，再從制度、系統、流程、合約、機制、作業等面向上，提出真正可被落實在工作上的決策指令，或是行動方案，而非僅是單純的腦力激盪或意見交流。

身為財務部主管，同時也是公司異常管理小組召集人的甲君，有一天，看到海外一家A客戶的付款狀況不佳，便決定立即執行「暫停出貨」（**Hold Shipment**）措施，並將A客戶已被停止出貨的訊息，同步知會了相關的同仁和主管們。

多數主管看到這一則訊息並未太在意，但是當我看到這則通知時，卻是一則以喜，一則以憂：

喜的是：甲君是財務部主管，若是以財務部的職責來看，甲君的做法非常好，因為能夠隨時從風險管理的角度，以財務部的專業降低可能擴大的風險，值得讚賞！

憂的是：甲君同時也是異常管理小組的召集人，在身兼這兩種角色之下，甲君在執行「暫停出貨」之前，應該更多一層考慮這個決定可能衍生的問題，諸如：

一、A客戶付款狀況不佳究竟是財務的問題？還是商業糾紛？

二、這一批貨是通用品項（Common Items）嗎？

三、「暫停出貨」之後，存貨還會有其他客戶可以用嗎？

四、「暫停出貨」會對這個產品線產生多大的影響？

五、還有其他的產品線會受到波及嗎？影響又有多少？

六、究竟會對整個集團造成的整體影響有多少？
七、A客戶的財務實力如何？其後台背景的實力又如何？
八、A客戶的未來發展潛力如何？
九、產品單位對這件事情的想法是什麼？
十、業務單位對這件事情又是怎麼想？

有太多的問題和風險有待進一步釐清和評估，這也是平日異常管理小組的主要功能和職責，也就是說，甲君既然身兼兩種角色，就不能只站在財務部的角度判斷事情，便斷然地逕自對A客戶「暫停出貨」。

我立刻提醒相關同仁，正確的做法應該是：

一、甲君：

應該在發現問題的第一時間，主動邀集產品和業務單位直接負責的同仁深談，更宏觀地從異常管理小組的角度，審慎衡量所有可能的影響之後，再評估是否執行。

二、相關部門：

應在不同職務上運用水平式思考，提出因應措施。

三、高階主管：

看到這則告知訊息時，應該立刻啟動「多元水平思考」，聯想到以下幾個問題：

● 過去可能也都是由財務部直接就對客戶下達執行「暫停出貨」的指示，並沒有經過一定的溝通和程序。

● 這種由財務部單方面判斷執行的「暫停出貨」，產生的風險變數可能更大。

● 客戶關係還有可能保得住嗎？

經由我提醒之後，相關部門主管們又重新思考整個問題狀況，並試圖從事情本質上著手，思考問題的解決方案，在一番討論溝通後，我們將相關同仁與主管的行動方案，彙整如下圖，從中我們可以清楚看到不同思考邏輯將延伸出不同的行動方針（如圖3-8所示）。

一、「垂直思考法」一般多著重於因應問題本身：因為「暫停出貨」已經執行了，只能盡其所能在第一時間知會、安撫客戶。

二、「基本水平思考法」會設法從更大的範圍尋找與問題相關的元素，試圖讓問題消弭。

三、「多元水平思考法」則從更廣的角度探詢問題癥結及可能影響，比如說：

- **跳脫事件點**：更進一步去探究這件事（逕自「暫停出貨」）本身是否適當？
- **連帶效應**：客戶關係還有可能保得住嗎？除了這筆帳還有其他產品或部門可能產生連帶影響嗎？
- **從源頭找癥結和根治方案**：找出

（本圖僅為參考，並非唯一的正確解法）

3 多元水平思考

暫停出貨可能造成的負面影響	檢討目前暫停出貨的流程缺失	產生新的「暫停出貨」簽核機制	
暫停出貨可能造成的負面影響	與產品單位和業務單位溝通，深入了解狀況。	了解此動作對其他產品線的影響	彙整此動作對公司整體的影響
後續催收客戶的應收帳款會不會有問題？	萬一造成客戶產線停擺，索賠有問題嗎？		
評估客戶採購品是否為通用品項	評估跌價或造成死貨的風險	盡快尋找新的客戶	庫存和預定貨的處理、調整。
是否會造成客戶產線停擺及賠償風險？	找產品經理討論如何處理預定貨和庫存問題		

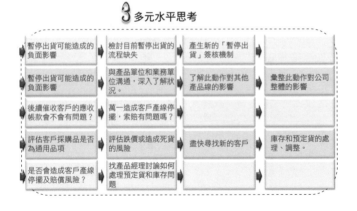

目前「暫停出貨」執行流程的盲點，並重新調整。

- **聯想到什麼：**不論任何職務，當看到一件事情時，能多一點敏感度，再多想一下，並依其工作重心與權責主動調整，全面動員。

結果與成效

最後，我們透過「多元水平思考法」找出目前「暫停出貨」執行流程上的盲點，並重新調整並改變簽核機制之後，也因為這

圖3-8　面對「逕自暫停出貨事件」的三種思考法與行動方案

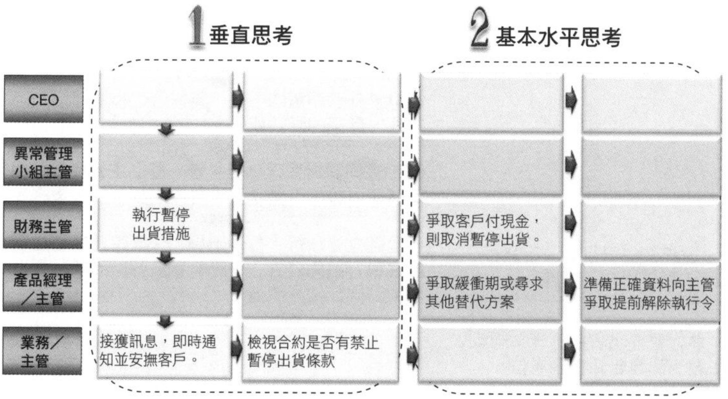

事件，讓公司建立起較為周延的新「暫停出貨」執行機制（如圖3-9），讓未來「暫停出貨」的執行可以在嚴謹而完整的評估決策下予以進行，避免再因為單一部門主管的逕自判斷、執行，讓公司因此蒙受可能的風險和負面影響。

從以上的實際案例，

圖3-9　新的「暫停出貨」執行機制

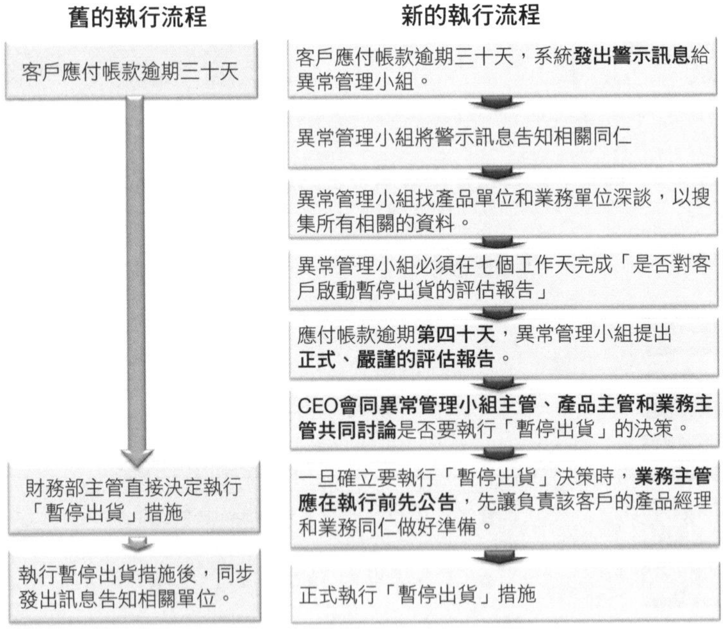
舊的執行流程
客戶應付帳款逾期三十天
財務部主管直接決定執行「暫停出貨」措施
執行暫停出貨措施後，同步發出訊息告知相關單位。
新的執行流程
客戶應付帳款逾期三十天，系統發出警示訊息給異常管理小組。
異常管理小組將警示訊息告知相關同仁
異常管理小組找產品單位和業務單位深談，以搜集所有相關的資料。
異常管理小組必須在七個工作天完成「是否對客戶啟動暫停出貨的評估報告」
應付帳款逾期第四十天，異常管理小組提出正式、嚴謹的評估報告。
CEO會同異常管理小組主管、產品主管和業務主管共同討論是否要執行「暫停出貨」的決策。
一旦確立要執行「暫停出貨」決策時，業務主管應在執行前先公告，先讓負責該客戶的產品經理和業務同仁做好準備。
正式執行「暫停出貨」措施

我想大家應該對這三種邏輯思考有一個比較清晰完整的輪廓，我認為：如果每次在思考一件事情或做一件事情時，你都可以相互運用上述三種思考法的話，不但可以提升思維的縝密度，也可以從更多新的視角審視這件事情，進而延伸出更多的想法和觀察，當然，也因此會讓這件事情成功或做好的機率隨之大增，並可防患於未然，避免一直掃落葉的情況發生。

提升水平式思考功力的方法

運用十五種思維脈絡，讓聯想和行動方案極大化延伸

事實上，我也很清楚：看到某個問題或現象時，若非早已習慣水平式思考模式的

話，一時之間也很難產生許多聯想，更不知該從何思考搜尋並著手建立防患未然的機制，經過一番整理，我歸納出十五種水平式思考的思維脈絡參考圖，希望透過有系統歸納的一些方向，協助大家在面對問題或自行練習時，可以更容易上手運用：

一、從事件相關的周邊元素一一展開：非直接針對事件（問題／現象）本身，而是從與事件（問題／現象）相關的周邊元素，以旁敲側擊方式尋求答案。

二、從應用面聯想：跨組織、平台、其他產品線，除這些地方外，還適用於哪些地方？

三、從組織上聯想：需要配合目標調整組織編制、人力部署或職務、職掌等。

四、從根源上聯想：從問題回溯流程、步驟，回到事情／本質。

五、從機制上聯想：需要額外設立專線、專人、專責機構或審核機制。

六、從流程優化上聯想：配合需求修訂、改進表單、簽核點等執行項目，優化流程。

七、從系統上聯想：如何與現有系統相容，或是需要增加哪些系統程式協助等。

八、從對象上思考：以人為主要思考連結，如客戶、產品經理、供應商，不同對象所產生的行動方案，當然也應該有所不同。

九、一百八十度逆向思考：有時也應該從反向思考，或質疑事情的合理性、必要性。

十、從層級上思考：即時向上反映、聯想到應該知會哪些層級主管，或是轉交給哪些層級同仁參考等，或是從不同層級思考因應的想法、做法。

十一、從核決權限上思考：為了讓事情更順暢，有否需要限縮或是放寬某些職務權限？

十二、從教育訓練上思考：透過適合的訓練方式，例如：編成教案或安排訓練課程等，讓更多人知道，以提升整體素養和認知，避免一犯再犯。

十三、如何產生警示：在流程中設定階段性提醒或警告，避免措手不及或事態變得嚴重。

十四、從政策上思考：訂立公司整體作業、營運必須依循之大原則。

十五、從制度上思考：建立規則或運作模式，徹底改善。

事實上，不論哪一種水平思考法，很多時候，某些看似無關的元素，其實彼此之間是有所關聯，並交互影響的，若是你不具有以上這些水平式思考思維脈絡概念的話，這些看似無關的元素之間，就會變成魚歸魚，蝦歸蝦，而不會因為「聯想」的連結，讓某些事情放在一起思考，轉成有價值的啟發點。

你不妨試著從上述這些水平式思考的思維方向來看問題、想問題，應該可以比較容易找到著力點，進而延伸出更多客觀、精準的策略和執行方案。當然，這只是一個輔助過程，一旦你將這樣的思維模式內化成習慣以後，相信日後無論是爭取生意機會、調整管理機制、防患於未然、提升工作效率……，你都將會是箇中翹楚，成效斐然。

圖3-10　啟動「水平思考法」十五種思維脈絡參考圖

看到某個東西、
碰到某個問題
第一個
聯想
還可以
怎麼想

一、從事件相關的周邊元素展開	九、一百八十度逆向思考
二、從應用面聯想	十、從層級上思考
三、從組織上聯想	十一、從核決權限上思考
四、從根源上聯想	十二、從教育訓練上思考
五、從機制上聯想	十三、如何產生警示
六、從流程優化上聯想	十四、從政策上思考
七、從系統上聯想	十五、從制度上思考
八、從對象上思考	十六、其他

應用案例：兩張簽單改變組織架構

加入大聯大集團改換簽核系統之後，某天，CEO甲君接到華南區轉過來的電子採購簽單，打開一看，是一筆非經常性的總務採購，但採購金額卻只有人民幣五十元。雖然甲君心中閃過一絲疑惑，但由於金額不大，他也就未再多想，不以為意地簽過了。

之後，甲君發現需要經由他簽核的請假單數量暴增，其中，竟然連中國區助理請假七天的假單都必須由他簽核。「這真是很不合理的現象！」甲君於是拉開電子請假的簽核流程一看，才赫然發現：原來整個區域主管都不在簽核流程裡面，也就是說，這些簽單都跳過了中間主管，直接送簽到CEO處。

接連發生的小金額採購和助理請假簽單事件，讓甲君展開一連串的調整與思考。

第一步：這些事一定要調整

一、非經常性採購核決權限的金額：非經常性採購金額除非過大，否則不需簽到CEO。

二、助理人員請假不必經由CEO：調整助理人員的組織架構，使其請假簽核權限簽至當區事業部主管即可。

三、各地區客戶的應收帳款，不必經由台灣總公司負責，由各區域主管統籌負責：各區域主管自行負責自己區域內帳款催收工作，並於每月提供最新的應收帳款報告給各區域總經理即可。

第二步：這些事是單一現象或是普遍存在的問題？

一、總務的簽核流程如此，其他單位是否也如此？甲君開始全面清查目前各單位的簽核項目與簽核層級，發現其他單位確實也存在同樣的現象，所以，這事件確實不單純只是簽單問題而已，應該回到組織結構上，從源頭找出癥結。

二、連五十元人民幣都要CEO簽核，組織層級是否合理？甲君請同仁做出一些表單，重新檢討人員配置的合理性。

三、CEO以下層級主管的核決權限是什麼？為了避免過多行政庶務上簽到CEO，甲君開始檢討各區域主管的簽核權限，並比較各區權責是否相當。

四、如何提升區域主管的各項管理能力？平時就要培養區域主管管理與獨當一面的能力，以提升區域主管各項管理能力，可以安心授權。

第三步：正本清源，對既有組織實施總體檢

針對組織結構全面檢視分析之後，甲君認為之所以會產生如此不合理現象的主要癥結在於：近年來，公司組織日益擴大，海外據點紛紛成立，但是組織的角色功能與分工，並未隨著公司的發展腳步全盤予以調整。

第四步：重新調整角色功能與分工，授權地區管理

找出問題癥結也想清楚之後，甲君決定重新調整組織角色的功能，適時地授權給各地區主管，強化區域主管的管理機能。於是，他將所有管理項目分成「產品面」和「行政面」兩大面向，重新定位與分工：

一、產品面：趨於中央化概念。所有與產品價格相關的決策，由總公司統籌管理。

二、行政面：趨於地方化概念。所有區域性管理庶務、產品策略、客戶／供應商接觸拜訪，全部授權給各區域主管負責。

從兩張簽單簽核的不合理現象，一路探索問題，直至發現組織中隱含的深沉問題，並進而針對問題擴大到組織改變。改變後的組織型態，將可提升公司未來整體的管理效能與競爭力，因為自此之後：

圖3-11　從兩張簽單檢討，改變整個組織架構

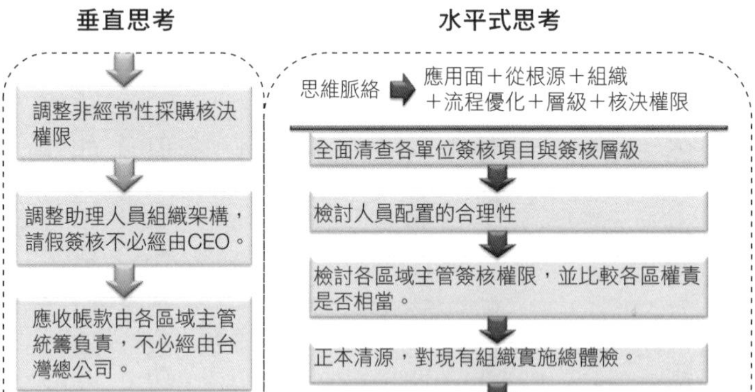
垂直思考
調整非經常性採購核決權限
調整助理人員組織架構，請假簽核不必經由CEO。
應收帳款由各區域主管統籌負責，不必經由台灣總公司。
水平式思考
思維脈絡
應用面＋從根源＋組織＋流程優化＋層級＋核決權限
全面清查各單位簽核項目與簽核層級
檢討人員配置的合理性
檢討各區域主管簽核權限，並比較各區權責是否相當。
正本清源，對現有組織實施總體檢。
重新調整角色功能與分工，授權區域主管。

一、CEO能更專注於業務策略面的思考，不被行政庶務占用太多時間。

二、可發揮各區域主管應該具備的管理職能，分擔總部產品主管原有過多事務性工作，讓其可以有更多時間專心致力於產品價格策略，創造公司更高的人均產值。

三、充分授權區域主管，創造權責相符的工作環境，不僅可培養區域主管提升管理能力，落實在地化的人才培育，也有助於健全公司體質。

觀點分享

一、面對現象或問題時，會告訴自己：「水平的橫軸應該還有很多點。」過去，或許我們也會想到做到，但多數只想到一個就不會再往下；現在，經由水平式思考有系統的練習和導引之後，總有聲音告訴我：「水平的橫軸應該還有很多點。」我發現，只要具有這樣的觀念，對事情的延伸和聯想力就會一個、兩個、三個、四個地跑出來，與過去的思考習慣大不同。

二、不要秋風掃落葉，一定要從根本找起：寧願辛苦一點，多靜下心來想一下，如何運用水平思維全盤思考，徹底解決問題根源，這樣，往後可能好幾次，甚至再也不必花心思、時間解決同樣的問題。

養成要訣：從日常作業開始

不同的思考方向，關心的焦點就會有所不同，當然，所採取的行動方案和影響的深遠也會有所不同，或許，有些人目前聯想的面還不夠多，也可能想到了，卻未再往下把防患未然的行動方案找出來，這都是因為你還不太習慣水平式思考的用法。

其實，我也是長久以來養成的習慣，總是利用日常工作的機會，看到任何事情，碰到任何狀況，都會多想一下（如果是看電子郵件的話，至少會多想十分鐘左右才予以回覆），也總會問一下自己：「這可以和工作上哪些部分連結？」就是這樣透過一次又一次的機會，從開始只有兩到三個聯想，到現在可以很快延伸出許多行動方案。

只是，這門功夫若是平時不燒香，臨時便很難抱得住佛腳，也就是說，如果我們平時沒有勤加練習，養成聯想力和多元思考的習慣，並透過不斷練習、檢視、調整的過程來激發自己，設法建立起這樣的自覺和思維方式的話，想要在困局中運用水平思考法來獲取效益，幾乎是很難行得通的，所以想要讓自己具備水平式思考的能力，就必須從日常作業中開始培養起。

不妨運用下列「日常養成九法」開始從日常接觸到、聽到的事務或是面對的問題開始，試著練習從不同的角度看事情，慢慢將這種思維內化成反射能力，才有可能在需要的時候，可以快速轉換，讓你的思維邏輯發揮最大綜效，延展出新的局勢。

一、了解清楚「垂直思考」、「基本水平思考」和「多元水平思考」的定義：是否只解決了眼前狀況，還有其他看不到的潛藏坑洞嗎？是否又習於過去的經驗法則，還有其他可能的想法和做法嗎？原來我認為的水平思考想法，還未能跳脫問題現象的範疇嗎？……唯有先清楚了解這三種思考法的定義，才能在練習和養成過程中，進一步剖析自我的思維脈絡，幫助自己不斷檢視並突破想法上的局限性。

二、至少多想十分鐘才回覆電子郵件。

三、利用日常案例練習：「看到、聽到某一件事，你會聯想到什麼？」

四、將所有你聯想到的點，先不論是否可行，都先條列下來。

五、再次運用「水平式思考的十五種思維脈絡」檢視自己條列下來的想法，看看是否還有更多可以延伸到的想法、做法，盡可能都寫下來，練習讓自己的多元想法極大化。因為當你面對一件事情時，只有設法挖掘出大量的想法、線索，才有從中加以分析，並激盪出更多具創造性答案的可能，相對地，當我們沒能聯想到其他事情，通常後面也就不太可能會有任何行動方案產生，更遑論在工作中可以不斷創新與創造附加價值。

六、運用三種思考定義將剛才所有寫下來的想法、做法，試著檢視、分類：哪些屬於「垂直式思考」的做法？哪些屬於「基本水平思考」的做法？哪些屬於「多元水平思考」的做法？此舉在練習階段很重要，因為一般在工作上，我們可能不會有這麼多的時間和耐性去如此思考一個問題，漸漸便依循著過去的經驗和處事模式面對問題，習慣性地落在某一種思維裡而不自知，也因此，許多人工作愈多年愈缺乏舉一反三的聯想力和「一加一不等於二」的創造力，透過這步驟的練習，可協助我們突破思維慣性的盲點。

七、再次追根究柢每個發想的想法、做法：看看還可以找出哪些可能的未爆彈和行動方案，因為我們的目標是：解決眼前問題之外，還能夠從問題中找到防患未然的行動方案，讓問題不再犯，以提高組織的執行力和管理效率。

八、統整每個項下的行動方案，考量組織現況，提出實際可執行的行動計畫：最好是還可以透過實際執行，驗證成效後，讓你可以清楚執行後是否還有新的問題衍生，挖掘問題，並且不斷地調整、修正和更新，直到不須再掃落葉為止。很多時候，這段過程也是最有成就感的過程，因為經過你的貢獻、努力，不但讓眼前的問題獲得解決，還從根源讓組織更有效率，當然也會讓自己鍛鍊出一身職場好本領。

九、不斷利用日常案例和上述方法，練習「一個人的腦力激盪」，直到養成水平式思考的習慣：相信我，一旦你開始建立正確態度並啟動水平式思考後，你一定會發現更多不一樣的自己。從日常作業中找尋案例練習，隨時進行自我的腦力激盪，再透過垂直思考、基本水平思考、多元水平思考的定義，在練習過程中反覆檢視，直到你很自然地會看到現象就聯想到很多其他的事情，會追求根源，會透過行動方案讓組織產生改變、流程改變，最後，建立起「從一個點聯想到非常多事情」的能力和習慣，這時候，你的多元思維與行動方案究竟是水平或垂直，已不是最大的重點，因為這時的你已經養成融會貫通、運用自如的能耐。

應用案例：讓天天出錯的出貨作業止跌回升

為了解決香港庫房空間不足的問題，公司選擇在福田設立新倉，並將X原廠的庫存全數從香港移往福田倉。不料搬遷後，卻是小陳一連串夢魘的開始：

- 倉庫端：合作廠商丁公司對貨物不熟悉，倉庫操作效率和品質都不如預期，再加上不了解A客戶貼標方式，頻頻出錯，幾乎是到了每天都出錯的地步。

● 貨運代理端：A客戶是X原廠的主力客戶，每週都有大量貨物由其指定的香港貨運代理業者甲公司集貨後，運往東莞的工廠（廠內設有集配中心），但是我們卻常常因為作業遲緩，趕不上每週固定的香港發車時間，必須請甲公司再多發一趟車才能將貨交到A客戶手中，當然運送費用的成本也因而增加。

● A客戶端：送貨時間常常延誤，還接連發生標籤錯誤的狀況，讓客戶抱怨連連。

第一步：希望流程上的每個環節都調整一點點

為了改善這樣的狀況，小陳想到幾個方法，訂出行動方案後便積極進行：

一、由倉庫端著手：首先，請廠商丁盡快加強員工教育訓練，並建立專人覆核機制，以解決倉庫不斷出錯或延遲的狀況。

二、由貨運代理端著手：與甲公司協商，是否可以將發車時間延後一點。

三、由客戶端著手：請負責的業務幫忙爭取多一點時間，讓A客戶再提早一點下單。

經過一番協商後，小陳發現：下單能壓縮的時間實在不多，甲公司因為還得接受其他通路商的貨，也很難單獨為了敝公司的貨物延後發車。

第二步：從細節中看出端倪，移開流程上最大的石頭

小陳體認到：必須改變流程才能爭取到更多倉庫內檢查作業的時間，降低出貨錯誤率。「在多次協商的過程中，我們發現A客戶對甲公司的配合度有意見，似乎有一點不滿。」這種氛圍讓小陳產生了一個大膽的想法：或許，甲公司也不見得是非要經過的路！

有了這想法之後，小陳便開始檢視所有的條件，研擬落實的可行性方案，結果發現：A客戶出貨的經濟規模，是有本錢可以讓敝公司包一台車，直接從福田送到東莞。小陳說：「所以，我們就直接跳開香港貨運代理業者這個中間比較困難的環節。」

直送之後，小陳仍然繼續追蹤相關成效，結果發現不但運送的成本下降了，時效掌握也更好，甚至，連A客戶的滿意度也相對提高了。

第三步：以「直送」為核心連結所有資源

可是，小陳並不以此為滿足，他又在此成功模式上，開始思考其他的可行方案：

一、其他廠區：A客戶和敝公司的生意往來不是只有東莞廠，還有其他廠區，其實，也可以比照東莞廠模式，不要經過香港，直接從福田就發走。

二、其他客戶：既然可以直送給A客戶，那還有其他客戶可以比照辦理嗎？於是，小陳團隊就開始從過去的出貨紀錄中，將位於東莞附近，又是X原廠主力客戶的名單條列出來，進一步分析整理出有機會走同樣模式的客戶名單。

三、產品搬遷：下一個要搬遷到福田倉的產品，應優先考慮

圖3-12　一百八十度逆向思考，讓天天出錯的作業止跌回升

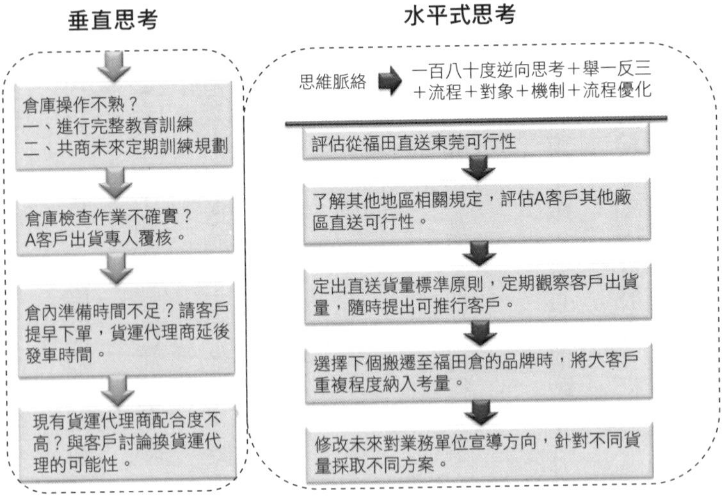

可以和X產品一起送的品牌，透過即早規劃，讓兩個品牌可以一起直送，成本效益也將更為提升。

四、業務員教育訓練：過去，我們都教育業務員，FOB HK是最好的方式（注：Free on Board指船上交貨，後面接的是「裝船港」，故FOB HK意即貨物在香港上船後，一直到目的地期間的責任都是買方的，賣方沒有責任），現在，時空條件已經改變，應該重新對業務單位進行宣導，教他們如何針對不同貨量採取不同的方案。

觀點分享

一、這則案例應用最經典處在於：完全跳脫成規，一百八十度逆向思考。「可以不要用這個貨運代理業者嗎？」一個轉念，讓之前的窒礙難行迎刃而解。

二、活用並整合資源：水平思考的應用，基本上是沒有時間表也沒有終點站的，應該隨時檢視、在對的基礎上多元延伸，就像案例中貨運流程改變模式的成功經驗，可以延伸應用到跨區域、不同對象、不同品牌等，每增加一個成功的連結，就能產生倍數的綜效。

啟發：來自於串聯兩個或數個原本不相關的事

某天，A君問我說：「曾先生，你可能是習慣了，信手拈來總會有很多啟發和聯想，但是對我而言，常不知該從何處著手找案例來練習。」

其實，我整理出了許多案例，讓高階菁英班的主管們進行水平式思考的演練和腦力激盪，但是無可諱言，多數練習案例還是在面對問題和狀況時，如何運用十五種思維脈絡協助我們「跳脫事件點，從源頭（事情／本質）找出癥結，尋求機制或制度等方案根治。」或是如何未雨綢繆，從「連帶效應」上思考預防方案，以避免產生更大的負面影響力，不論是哪一種，都還是在同一個問題事件上延展我們面對問題、處理問題、解決問題的聯想力。

至於，該如何透過「多元水平思考法」實踐其第三個目的：「受這事件啟發，聯想到其他……」則較少著墨，因為這部分似乎很難有一定的方法或模式，怎麼樣才能把原本不相關的兩件或多件事「串聯」在一起，進而聯想到新產品的開發或新型態的生意模式、策略聯盟合作模式等，或是只借助「他山之石」的啟發讓你運用到內部作業的改善或強化。

我想，要能夠成功做到這一點的關鍵，主要在於你的觀念、態度、好奇心、不畏挑戰與「連連看」的聯想能力吧！而唯一的途徑就是：將「水平式思考」的概念時時放在心上，當你到A公司參加會議時，或到B公司參加會議時，所聽到或看到的議題，不妨都多想一下，看如何連結到你目前工作範疇中的某些點上面，或是以你目前工作範疇為中心平台，將這些聽到、看到的議題都透過你的中心平台重新整合起來再利用，將原本看起來不相關的元素予以連結，將數個不同的資源設法整合，隨時做「連連看」或「拼圖」的遊戲。

換言之，當你接觸到任何事物，比如說聽到某個訊息、看到報章雜誌報導、參加某個會議或簡報、參訪客戶，甚至旅遊所見所聞、聚餐交流等，都要能隨時自問：「我還可以怎麼做？我身邊的資源是不是有組成在一起的可能？」慢慢地你就會發現自己「連連看」和「拼圖」的聯想力與敏感度，在不知不覺中愈來愈強，並開始產生意想不到的綜效。

應用案例：一則市場消息，帶來無限商機

剛結束高階菁英班主管的水平式思考訓練課程後某天，甲君聽說X原廠將與其在A區最大的代理商W結束代理關係，他頗為震驚：「怎麼可能？」他印象中雙方合作已經將近十年了，不僅來往的生意很大，彼此關係也相當穩固。

甲君立刻採取行動，多方打探，證實W公司因為在大力推廣X原廠產品期間，出現了退貨問題，X原廠未積極處理的態度，不但讓W公司得自行吸收存貨損失，還因此得罪了最大的客戶，雙方關係也因此破裂，即將正式結束長久合作的代理關係。X原廠現任區域業務經理也因事件離職。

甲君知道後，立刻檢視X原廠產品在敝公司客戶中發生退貨的紀錄，得知在當年第二季時也曾發生過類似狀況，最後也是由敝公司自己埋單，賠錢處理。

通盤了解狀況後的甲君認為：「W事件一定會讓X原廠高層更重視退貨問題，或許會一反過去不理睬的態度。」於是，將敝公司第二季發生的退貨客訴問題重新整理後，用電子郵件傳給X原廠新上任的區域業務經理，希望在這關鍵的時間點，積極向原廠求償，減少公司既有損失。此舉果然奏效，經溝通協調後，X原廠終於願意補償敝公司損失，讓原本石沉大海的錢很快就拿回來了。

除了退貨事件之外，甲君認為這次代理關係的大地震，一定也會震出許多新的機會，他必須把握時間，在新的市場關係尚未成形之前，積極斡旋以爭取到更多的商機，所以他兵分兩路，同時和X原廠與W公司交涉。

一、原廠端：針對代理缺口與策略方向，積極布局

- W公司原先握有的X原廠客戶將會被釋出：先做好功課，了解W公司在A區有多少主力客戶，是否和我們也有生意往來關係？再積極把握時間，向原廠爭取到原W公司七到八家主力客戶的負責權。
- X原廠應該會重新整頓代理商：於是拜訪X原廠高層，積極展現合作誠意，在良好互動下，X原廠除了A區之外，也將其他地區的負責權轉給敝公司。
- 針對X原廠A區人事重新洗牌的機會，加深彼此關係：配合X原廠A區的新人事布局，重新調整人員配置，強化經營區域性的關係。
- 重啟價格協商：由於雙方未來合作的範圍較大，經甲君積極爭取後，X原廠同意針對量大的產品提供較優惠的進價成本。

二、W公司端：分析優勢與困境，爭取長期合作

- 終結代理關係後，W面臨的善後問題：他一定有些短期的貨要交，必須對外調貨，於是，我們直接找W公司表明合作意願：「只要敝公司有貨的部分，一定會特別支援。」
- 與W公司談其他產品線的合作：親自拜訪W公司總經理，希望借重W公司在A區的深厚關係，以特約經銷的模式，建立長期合作夥伴關係。
- 額度問題：W公司願意開擔保信用狀，以增加額度，擴大雙方生意往來；也因為額度問題順利解決，W公司次月就開始排單給敝公司。

兩個月來的布局與努力，甲君將一個單純的事件（一則非關自己的市場消息），因為多了一些想法，多了一些行動方案，讓它不斷向外延伸成為新的生意，具體成

效斐然地令人驚豔。甲君很有成就感地說：「聽到某家原廠最大代理商被終結掉，我可以想到這麼多事情，做了這麼多事情，這都要歸功於『多元水平思考』的啟發。以前可能只會當作一則業界訊息處理吧！」

他半開玩笑地說：「經過練習之後，對於水平與垂直思考，個人有一點小小的心得，我覺得站著、坐著想的叫垂直思考，躺下來想的叫做水平思考。」（據說，甲君現在睡覺時都會把紙筆放在床側，隨時想到隨時記下來。）

圖3-13　連結不經意的小事，延伸出多個新的生意機會

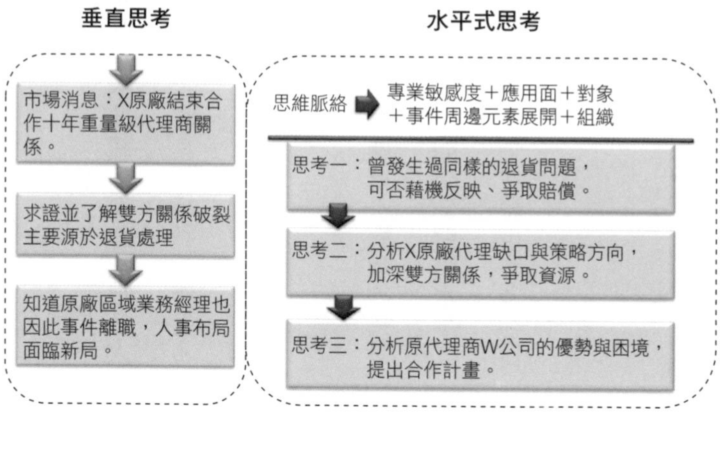
垂直思考
市場消息：X原廠結束合作十年重量級代理商關係。
求證並了解雙方關係破裂主要源於退貨處理
知道原廠區域業務經理也因此事件離職，人事布局面臨新局。
水平式思考
思維脈絡
專業敏感度＋應用面＋對象＋事件周邊元素展開＋組織
思考一：曾發生過同樣的退貨問題，可否藉機反映、爭取賠償。
思考二：分析X原廠代理缺口與策略方向，加深雙方關係，爭取資源。
思考三：分析原代理商W公司的優勢與困境，提出合作計畫。

觀點分享

一、創造無中生有的價值：這則案例可說是水平思考應用的典範，或許，很多人會去打探市場傳聞，但卻很少人會用聯想力與行動力，將其連結到工作上。甲君透過水平式思考讓原本看似不相關的元素產生連結，也因而帶出許多「無中生有」的價值。

二、看似不經意的小事，仔細想想，都有可能和你的工作產生連結：這或許只是一件很小、也未對日常作業產生任何困局的小事件，但是如果你習慣水平式思考的話，往往也能從許多看起來不經意的小事件中，聯想並發現許多在日常工作中，更深具價值和影響的做法。

主管充電站

一、注意部屬向上反映訊息的背後意涵

當部屬透過報告、電子郵件等向上反映其困擾或需求時，主管應該要更敏銳、即時地覺察到訊息背後所透露出來的真正問題，要能看到部屬看不到的問題或潛藏風險，並透過職掌權力調整或改變機制，從問題根本上協助同仁解決困擾、改善問題。

用「先天下之憂而憂」的胸襟想到明年、後年和未來，不能安於現在或是只考慮到眼前狀況，引領部屬在事情的一開頭就能夠做對，一步到位，避免後續產生更大的困擾和負面影響。

二、跳出圈外面對問題，客戶關係也是評估方案的重要因素

無論遇到什麼事情，身為主管都一定要記得跳出圈外觀看全局，重新將所有主觀、客觀環境和資源再檢視一次，以通盤利益（水平思考）經加減乘除評估後，來衡量單點（垂直思考）可能損失，特別是和客戶之間的關係也應納入評估。

因為在生意場上，有時丟了生意還有機會賺回來，但是客戶關係一旦打壞，卻很難再修補，所以在採取強硬手段前，務必要在「和客戶可以保持好關係的大前提之下」再多想一想，整體盤算後，再選擇當下最優勢或適當的方式因應，盡可能避免只針對一個單點思考解決問題的方法。

（說明：現在採購量不等於未來潛力，所以評估客戶的經營價值，不能單以目前採購多少來判定，而應著重於其未來發展潛力。）

三、每個思考都要有行動方案

沒有行動方案的點子，再好也沒有用。事實上，當你開始熟悉多元水平思考模式時，即使是看一封電子郵件或是一份報表，都會因此產生很多行動方案。

所以，我建議各位主管，當你收到同仁的電子郵件或報告時，盡量避免以「OK，我知道了。」或是「謝謝！」來回應，因為這種做法，常會讓對方無所得，與其這樣，還不如晚一點點回覆，寧願再多看一下、多想一下，盡可能提供具建設性的意見或方法，比如說：還需要分配哪些事？同時寄郵件副本給哪些人？或是還有沒有相關指示、意見要給對方或其他人？這樣才是給對方有所助益的回應。

四、用懷疑態度找真相，不是一味地幫現象找合理解釋

有時，你看到問題而不自覺，無法敏銳地聯想到許多事情，那是因為多數時候，你是以「試著去解釋那個現象」的態度來看問題，試著用自己的經驗法則幫它解釋，試著圓了它原來的缺口，所以很容易將看似不合理的現象視為理所當然，這樣的態度其實對帶領團隊成長是有礙的。必須要學習胡適做學問的態度：「對事要在無疑處有疑」，只要看到可能不合理的現象，就應該試著去探究、深挖、分析，逐一檢視問題本身或周邊相關元素，這才是從問題中累積執行力與專業實力的持續術。

結語

解開束縛自己的繩子

思考一：有誰拿繩子綁著你嗎？

中國隋朝年間，有一位十四歲的小沙彌，名叫道信，千里迢迢地來到禪宗三祖——僧燦的面前懇求：「大師，求求你大發慈悲，教我解脫的法門吧！」

「有誰拿繩子綁著你嗎？」大師回問。

小沙彌頓了一下，回答：「沒有人拿繩子綁著我啊，大師。」

「既然沒有人綁著你，那你還求什麼解脫的法門呢！」大師喝道。

經過僧燦當頭棒喝的點化，道信當場頓悟，後來還接下僧燦的衣缽，成為禪宗第四祖。

思考二：一條繩子如何輕易拴住一頭象？

歡樂馬戲團中最受歡迎的大明星，是他們的大象，巡迴到每個地方總是吸引無數的孩童注意，其中一位少年為了想更接近地看看大象，特意跑到馬戲團的後台，最後，他很驚訝地發現，那幾隻大象只是被普通的繩子綁在一根木頭上而已。

少年好奇地問馴獸師：「先生，為什麼你們只用一條繩子就能制伏這麼巨大的象，難道不怕牠們用力一拉便能逃走嗎？」

馴獸師笑一笑回答：「你不了解吧！這些象是我們從小養大的，當牠還小時，我們用大鐵鍊把牠鎖著，每次牠想逃走，只要一拉便痛得動彈不得，久而久之，只要牠想到用力拉就有痛的經驗後，最後便放棄逃跑。現在，我們雖然只用一條繩子綁著牠，但牠也不再相信自己是可以逃走的。」

或許我們過往也曾有過跌倒、失敗、挫折、難堪等令人痛苦、害怕的經驗，它們已經變成一條繩子綁住你，讓你像馬戲團裡的大象一樣，失去在工作職場上勇於追求理想的熱情了嗎？還是，在工作職場上，你總是太過在意頭銜、公司名氣、長官、別人的價值觀、同儕的影響……，或是許多錯誤的觀念、態度等，以至於畫地自限，自己拿了許多無形的繩子限制了自己的成長與成就？

但不論是哪一種繩子，從上述兩則小故事可清楚知道：「最大的敵人是自己！」真正能限制我們發展的，既不是職位，也不是我們的長官，而是我們自己。

透過本書，希望能幫大家再重新審視一次綁住自己前程的繩子是什麼？畢竟，解鈴還需繫鈴人，只有你自己認識清楚了，願意主動地管理自己的大腦，自我感知能力提高了，才能鼓起勇氣，撇開這些藉口，大膽跳出自己的層級、立場與工作範圍，將所有束縛前程的繩子解開，然後才能不害怕嘗試突破，積極向前，於是，才發現：

原來觀念和態度就定位了，工作上的表現才會就定位，自己也才會比別人更有機會發揮所長，開拓更多的可能性。

也或許你正是那群潛力可以發揮至一〇〇%以上的職場佼佼者，凡事總是積極面對，理想對你而言，永遠不嫌大，當然也沒有任何繩子會束縛你的前程。那麼，本書「開啟水平式思考，培養CEO的實力」章節中所分享的觀念和水平式思考的練習法，將可協助你厚實面對問題的廣度和深度，更快在工作職場上釋放自己最大的潛力！

國家圖書館出版品預行編目（CIP）資料

想成功，先讓腦袋就定位／曾國棟原著．口述；
王正芬整理．補充. -- 初版. -- 臺北市：商周出
版：家庭傳媒城邦分公司發行, 2014.12
面；　公分. --（新商業周刊叢書；BW0556）
ISBN 978-986-272-718-8（平裝）

1. 職場成功法

494.35　　103024524

新商業周刊叢書 BW0556

想成功，先讓腦袋就定位

原著、口述／曾國棟
整理、補充／王正芬
責任編輯／鄭凱達
企劃選書／陳美靜
校　　對／吳淑芳
版　　權／黃淑敏
行銷業務／周佑潔、張倚禎

總編輯／陳美靜
總經理／彭之琬
發行人／何飛鵬
法律顧問／台英國際商務法律事務所　羅明通律師
出　　版／商周出版
臺北市104民生東路二段141號9樓
電話：(02) 2500-7008　傳真：(02) 2500-7759
E-mail: bwp.service @ cite.com.tw
發　　行／英屬蓋曼群島商家庭傳媒股份有限公司　城邦分公司
臺北市104民生東路二段141號2樓
讀者服務專線：0800-020-299　24小時傳真服務：(02) 2517-0999
讀者服務信箱E-mail: cs@cite.com.tw
劃撥帳號：19833503　戶名：英屬蓋曼群島商家庭傳媒股份有限公司城邦分公司
訂購服務／書虫股份有限公司客服專線：(02) 2500-7718；2500-7719
服務時間：週一至週五上午09:30-12:00；下午13:30-17:00
24小時傳真專線：(02) 2500-1990；2500-1991
劃撥帳號：19863813　戶名：書虫股份有限公司
E-mail: service@readingclub.com.tw
香港發行所／城邦（香港）出版集團有限公司
香港灣仔駱克道193號東超商業中心1樓
E-mail: hkcite@biznetvigator.com
電話：(852) 25086231　傳真：(852) 25789337
馬新發行所／城邦（馬新）出版集團
Cite (M) Sdn. Bhd.
41, Jalan Radin Anum, Bandar Baru Sri Petaling, 57000 Kuala Lumpur, Malaysia.
電話：(603) 9057-8822　傳真：(603) 9057-6622　E-mail: cite@cite.com.my

封面設計／黃聖文
印　　刷／鴻霖印刷傳媒股份有限公司
總經銷／高見文化行銷股份有限公司　新北市樹林區佳園路二段70-1號
電話：(02) 2668-9005　傳真：(02) 2668-9790　客服專線：0800-055-365

■ 2014年12月18日初版1刷　Printed in Taiwan

定價260元

ISBN 978-986-272-718-8

城邦讀書花園
www.cite.com.tw

廣	告	回	函
北區郵政管理登記證			
台北廣字第000791號			
郵資已付，免貼郵票			

104 台北市民生東路二段141號2樓

英屬蓋曼群島商家庭傳媒股份有限公司

城邦分公司　收

請沿虛線對摺，謝謝！

書號：BW0556　　書名：想成功，先讓腦袋就定位　　編碼：

請於此處用膠水黏貼

商周出版

讀者回函卡

感謝您購買我們出版的書籍！請費心填寫此回函卡，我們將不定期寄上城邦集團最新的出版訊息。

不定期好禮相贈！
立即加入：商周出版
Facebook 粉絲團

姓名：＿＿＿＿＿＿＿＿＿＿＿＿ 性別：□男 □女

生日：西元＿＿＿＿年＿＿＿＿月＿＿＿＿日

地址：＿＿＿＿＿＿＿＿＿＿＿＿

聯絡電話：＿＿＿＿＿＿＿＿ 傳真：＿＿＿＿＿＿＿＿

E-mail ：

學歷：□ 1. 小學 □ 2. 國中 □ 3. 高中 □ 4. 大學 □ 5. 研究所以上

職業：□ 1. 學生 □ 2. 軍公教 □ 3. 服務 □ 4. 金融 □ 5. 製造 □ 6. 資訊

□ 7. 傳播 □ 8. 自由業 □ 9. 農漁牧 □ 10. 家管 □ 11. 退休

□ 12. 其他＿＿＿＿＿＿＿＿

您從何種方式得知本書消息？

□ 1. 書店 □ 2. 網路 □ 3. 報紙 □ 4. 雜誌 □ 5. 廣播 □ 6. 電視

□ 7. 親友推薦 □ 8. 其他＿＿＿＿＿＿＿＿

您通常以何種方式購書？

□ 1. 書店 □ 2. 網路 □ 3. 傳真訂購 □ 4. 郵局劃撥 □ 5. 其他＿＿＿＿

您喜歡閱讀那些類別的書籍？

□ 1. 財經商業 □ 2. 自然科學 □ 3. 歷史 □ 4. 法律 □ 5. 文學

□ 6. 休閒旅遊 □ 7. 小說 □ 8. 人物傳記 □ 9. 生活、勵志 □ 10. 其他

對我們的建議：＿＿＿＿＿＿＿＿＿＿＿＿

＿＿＿＿＿＿＿＿＿＿＿＿

＿＿＿＿＿＿＿＿＿＿＿＿

請於此處用膠水黏貼